紅磡記

美好的暫時

周項萱——文字、攝影

目次

【前言】

【序】

【金秋】

【緩冬】

【芳春】

目次

前言

移動的指標

有時候我在想，人生的上一個階段與下一個階段，是否都會有隱微的關聯。這裡想說的是居住地。老家在桃園龍潭，儘管不是在那裡出生，但人生至此前半段幾乎在那兒度過。龍潭是台灣十大名茶產地之一，茶園是我很熟悉的地景，家附近也有不少製茶廠，雖不致於過分浪漫地說我在茶樹間長大，但是看到一畦一畦的茶作還是感覺像家。

大學到木柵讀書，又是另一個茶產地，文山包種、木柵鐵觀音，名氣更響亮，上貓空泡茶聊天是當年大學生偶有的休閒，學校每年舉辦包種茶節雖然與農產無關，但到底是想牽扯一點在地特色。我在木柵住十多年，出門在附近活動，來來去去經過許多老茶行也是很慣習的事。

我是一個對住所相當固著的人，若非搬來香港，彷佛就會一直在木柵住下去。人生前三十年都在茶鄉的意義是，我很適應安靜邊緣的位置，就像血型 A 的人一進到空間裡，要找靠牆的座位才感到安心。我不介意每次進入市區、前往核心地帶都必須移動，反而有點需要那段轉換的過程。

後來我跟一個遠方的人戀愛，每次見他，得花上半天的時間，搭車、搭飛機，移動得更長、更遠，也不覺厭煩。我把自己固定在一個偏僻的地方，可能潛意識就是喜歡在移動這樣看似無意義的事情上浪擲時光。

搬來香港前，在木柵的一間公寓住了六年，巷口斜對面是一座加油站，一旁不遠處的公車站則有一間葬儀社，每天出門上班，都在那間葬儀社前等公車。有時我覺得無所謂，有時又莫名感到介意，特別是當它偶爾有生意上門的時候，大門敞開，靈堂直對著你，死者的照片盯著等公車的人背脊發涼。我常常想不透那間葬儀社爲什麼會開在這裡，以它生意清涼的狀態看來，大約是自宅家族事業，但附近完全不見相關產業，離殯儀館也有段距離，根本沒有聚集經濟的效益，眞是這個社區很特殊的存在。

結果，抵港後的第一間住所，加油站就在公寓樓下的大馬路上，附近全是殯葬業，棺材、骨灰罈、花圈、紙紮人一應俱全，每天遠遠地還看得到殯儀館裊裊的白煙。事至此，已經沒什麼好介懷的了，甚至有點明白爲什麼我在木柵的家附近，會有一間突兀的葬儀社。它彷彿一直是下一個居住地的指標。

我與觀世音菩薩向來有緣，紅磡正有一間歷史一百五十年的觀音廟，那裡幾乎成爲我頭幾年在香港的心靈支柱。

紅磡觀音廟建於同治十二年（西元一八七三年），信衆以街坊鄰里居多。這一百五十年來，雖曾重修，但也經歷過第二次世界大戰，至今仍屹立不搖。二戰時，有一則軼聞，據傳當時盟軍瞄準紅磡黃埔船廠，果有一日轟炸紅磡區，街道民宅面目全非，唯有觀音廟全身而退，外頭死傷慘重，而躲藏於廟內的百姓安然無事，眾人皆言觀音顯靈護祐。

我總是對這種帶有神祕色彩的小故事著迷，更重要的，初來乍到異鄉，不遠處就有一位熟悉的長輩照看著你，安心不少。後來，每有身心動盪，或遠行前求平安，甚至是尋覓新屋這類雞毛蒜皮的小心願，總會厚顏無恥地去叨擾香火鼎盛的觀音娘娘，祂老人家雖不至於把我寵壞地有求必應——像是我許願找到一間鋪有木地板的房子，便嘗試兩回才成——但實在是把我和另一半這個小家庭照料得穩妥，我倆在紅磡住得安逸，賴著不肯遷去別區，祂便一次又一次爲我們在最佳時機覓得安身處所，而且一次比一次更好。

落定紅磡的前半年，由於人生地不熟，社交量極少，幾乎不太離開居住的區域。但心思卻常常移動回台灣，看著朋友們在台灣各地工作生活、旅行走動，看著他們去了什麼有意思的地方，就記錄在我的地圖上，想著有一天自己可能也會去。雖然搬至亞洲的心臟地帶，卻彷彿來到距離過往核心更遙遠的座標。那段日子每晚都做夢，白天的日常刺激太少，夜晚的潛意識便高速運轉，家人、朋友、甚至是久沒聯絡的故人，輪番出現在睡夢中。我很喜歡香港的生活，但原來脫離母體的那種不適，難免久久不散。

也是因爲這樣回溯過往居住地之間的關聯，忍不住想著下一個地方會是哪裡，紅磡這個老老的街區會給我線索嗎？神遊回台灣會更費力嗎？移動，或許會是一輩子的事情吧。

觀音廟

序

來點沒什麼難度的海鮮，讓自己好過一點

做菜是讓人遁逃一切的精神時光屋，當你沉浸在備料的瑣碎程序裡，所有關於人生、事業或感情的焦慮，都可以暫時被擱置在廚房外，而且終點還有一頓飯菜將會療癒你。有什麼比這投資報酬率更高的事嗎？上班？約會？嗯，都沒有吧。

家常菜是我的烹飪主旋律，但移居外地而縮減的社交圈，意味著我得在略顯單調的日子裡自行製造高低起伏。我發現在一頓餐食中來點海鮮元素，會讓人感覺富有了起來，同樣坐下來吃晚餐，餐桌上出現三杯透抽，就是比肉絲炒豆干高級許多；而做西餐又更有上館子的錯覺，同樣的蛤蜊，做成白酒蛤蜊義大利麵，比用米酒蒸煮更有儀式感。

我無意貶低家常菜的地位，自己最常做、最愛吃的仍是家常菜，但無論你是獨居，或有室友、家人一同生活，照顧個人身心總是最要緊的，這幾年世界情勢給我們的功課，便是體認到龐大局面都不在尋常人的操控中，少數能掌握的小事之一，是怎麼餵養自己和親愛的人——因此在遲滯

的日常中變換情境很重要，做一頓異國風的晚餐，來一點平常嫌麻煩、但處理起來不用什麼技術的海鮮，最後發現這些事情你都辦得到，會感覺好過一點。

檸檬奶油紅椒鮮蝦細扁麵

義大利麵特別適合獨居的人，一份成品有蛋白質、有澱粉，想要的話，可以添入蔬菜或簡單弄點配菜，就是心靈滿足又營養豐盛的一餐。

這是一道清炒型的義大利麵，但因爲加入奶油，所以嚐起來相當邪惡，完全不是養生健康之感，再加上檸檬汁的酸勁，非常適合秋冬越來越短的亞熱帶。麵條種類很多，建議選用麵體表面有點粗糙的細扁麵（Linguine），能讓醬汁更好地扒附麵條，成果會比使用直麵來得優秀。主角蝦子特別以煙燻紅椒粉調味過，除了彷彿幫蝦肉畫腮紅，紅通通地擺在盤裡好看，味道也更有層次，紅椒粉（Paprika）是很實用的香料，建議添購一罐，幾乎各種肉類、海鮮都用得到。

製作這道料理，對於一般台灣人來說，最難取得的食材可能是起鍋前調味、妝點的巴西里（Parsley，又稱歐芹），通常要前往日系或歐系的超市才買得到，或是如果你手邊有其他香草，例如百里香（Thyme）、蒔蘿（Dill）、羅勒（Basil）、蝦夷蔥（Chive）等，也可作爲替換。另外還有一個辦法，若你不是香菜反對黨，我有時候會用芫荽取代巴西里，雖然兩者的氣味還是不盡相同，但仍有些共通點，代爲上陣不致於離譜，而且巴西里的確也有個別名就叫「洋香菜」。

◎食材（一人份）

細扁麵——八十克
冷凍白蝦仁——五隻
大蒜——四瓣
檸檬汁——半顆量
奶油——二十克
煙燻紅椒粉——半茶匙
巴西里——一小把
橄欖油——適量

◎步驟

① 蝦仁放在密封袋裡泡水解凍，洗淨、擦乾。沿著蝦背的中線切一刀，但不要切到底，這個動作稱爲「開背」，會讓蝦仁在煮熟後捲成漂亮的蝦球，如果嫌麻煩省略也可以。

② 以煙燻紅椒粉、黑胡椒粉和少許橄欖油來醃蝦仁。

③ 煮義大利麵，起一大鍋水，水滾後加入一大匙鹽，再放入麵

條，烹煮時間請控制比包裝上建議的縮短兩分鐘。煮水的同時，將蒜頭切末備用。

④取一平底鍋燒熱，不用下油，醃好的蝦仁入鍋，兩面煎上色卽可取出。蝦子熟得很快，入鍋後五秒內就能翻面，兩面有煎出焦色就好，不要煎到全熟。

⑤同一支平底鍋內，倒一大匙橄欖油，以文火細細煸香蒜末，若廚房裡有現磨的黑胡椒、辣椒片，可以磨一些進去炒香。距離麵條煮好的兩分鐘前，舀兩大杓煮麵水到平底鍋裡，形成油水乳化的醬汁，此時火力可以開大一點，讓醬汁保持在微滾的狀態。

⑥煮好的細扁麵撈進平底鍋裡，迅速拌開讓麵條吸收汁水，接著把稍早煎好的蝦倒回鍋內，放入奶油、檸檬汁，與所有食材混合均勻，此時麵體應該看起來油亮滑順。試一下味道，如果不夠鹹，可以落一點鹽；如果麵仍硬口，則加點煮麵水再煨一會兒。

⑦關火後，扔一大把切碎的巴西里，以餘溫攪拌。上桌時，附一角檸檬作爲裝飾。

金秋

物

牆

那年冬天，我們後來打消搬家的念頭，很大原因是這一面牆。當初搬進這間屋子前，特地請人清除中世紀風格的破爛壁紙，漆成現在的海藻綠。

在香港，很少有租客如此大費周章幫房東裝修房子（或許在台灣也是），牆壁漆深色也非主流，幸好房東夫婦不是老古板，沒有反對。

爲了省錢，沒讓師傅補土就直接上油漆，所以表面不太平滑，但反而更喜歡這種粗糙的質地，每天會因爲光線明暗、日光進來的角度而略有差異。

一想到要跟這幾面被精心打造的牆分別（另外兩間房也各漆了一面），便感到捨不得，於是看了十幾間房子，幾乎沒有滿意的，因爲怎麼比，就是輸我們家啊。

小歸小，卻是兩個人都好喜歡的家。

火

紅酒燉牛肉

大概是最後一次好好煮點什麼，和先生坐在這張餐桌上吃飯。

距離搬家倒數兩週，儘管還未開始打包，但腦子已被各種瑣事占據，煮飯極需身心餘裕，自然被我放到後面的順位。不過確實也一心想著要好好做一頓飯，告別三年來在那間屋子的煮食光陰，以及那張讓我們安靜用餐、歡樂宴客的桌子。

要做什麼菜，我決定很久了，幾個月前開封一瓶紅酒沒喝完，雖然有盡量抽眞空保存，但放置許久肯定滋味不佳，拿來做紅酒燉牛肉正好。

那陣子重溫電影《美味關係》（Julie & Julia），每次重看都是爲了梅莉史翠普演的茱莉亞．柴爾德，茱莉鮑爾這個角色，也不知是艾美亞當斯的詮釋，或是本身就不討喜，總令人厭煩。現實中的茱莉亞．柴爾德對於這位攀附她名聲的女人確實沒什麼好感，在電影中是輕輕帶過，據說眞實的茱莉鮑爾不如銀幕上塑造的那般「可愛」（這眞是見仁見智，我多半時候都想揍她兩拳），但我想問題在於她的文筆很普通，僅僅是二十年前搶搭部落格風起雲湧的列車而成名。

複習完電影沒幾天，茱莉鮑爾因突發心臟病去世，享年四十九歲。雖然沒特別喜歡這個人物和她的電影角色，但終究感覺到一種結束的惆悵。想想十多年前我開始對做菜產生興趣，茱莉亞．柴爾德的紅酒燉牛肉，也是我拙手拙腳嘗試的菜色之一，現在回看那時候的成果，自然是尷尬得無法見人，恐怕味道也不怎麼樣，當下卻覺得好滿足，憑一己之力燉出一鍋肉的快樂就是這麼樸實無華。

星期天下午，先生去打球，我悠悠哉哉地自己炒培根、炒蔬菜、煎肉，比起十年前亂做一通，

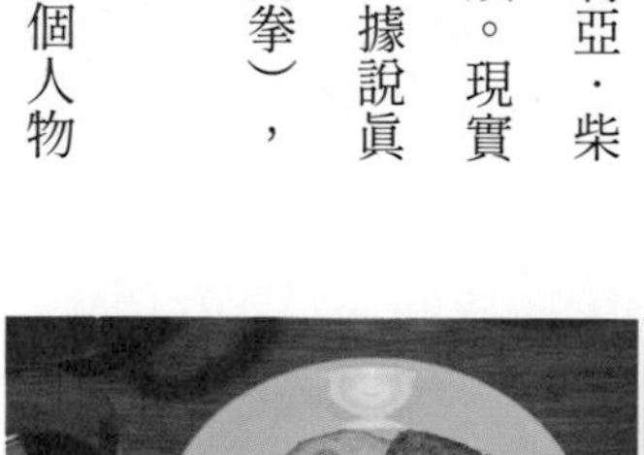

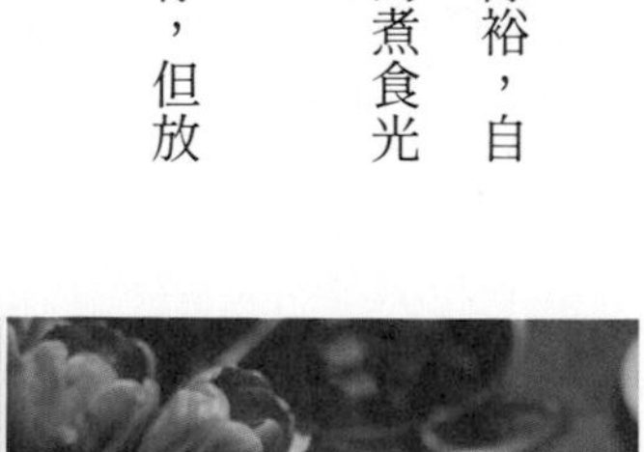

現在我明白各個步驟的原理，讓燉肉好吃的祕訣，所有食材都如實上色後，清空那瓶紅酒，倒入高湯，盛裝美味的鍋就這樣在爐子上愉悅地慢熬，我還是像十年前一樣，沒有住進設置大烤箱的房子，所有慢煮料理都在瓦斯爐上完成，照理說三年下來，燃氣費應該頗可觀吧，沒想到前陣子和先生討論要把各項雜支的地址轉去新戶，他說：「我三年前預付了兩千港幣的燃氣費，至今都還沒扣除完耶。」到底是香港的瓦斯費太便宜，還是我煮得不夠多？

茱莉亞．柴爾德的原始食譜會給煎過的肉鋪上薄粉，一來在燉煮過程中固形，二來讓醬汁有些稠度，我不介意肉塊燉到後來微微分崩離析，而懶得拿出鑄鐵鍋燉肉則讓湯汁自然地越收越稠，致敬茱莉亞．柴爾德，不只要致敬她的食譜，也致敬她在廚房裡輕鬆快活的心情。

傍晚時分，有房仲帶顧客來家裡看屋，肉仍燉著，先生悄悄說：「香死了，他們會不會以為我們要留他們吃晚餐？」

誰會這樣以為？

爐子上咕嚕滾動兩小時，關火讓它靜置入味。晚餐時間到了，用奶油和香草束炒一大把蘑菇，混入燉肉中，另外煎一盤青花筍補充纖維質。我給自己溫熱一片藜麥酸種，餵食先生半顆軟法，吃紅酒燉牛肉，那肯定是配紅酒。

如今我早已會做比紅酒燉牛肉更複雜的菜，但也只有這樣老老實實、毫不花俏的燉肉，能讓先生意猶未盡地狂拿麵包抹盤子，說出「我就想在家吃這個」的評價。向一個階段告別的時候，聽到這句，很圓滿。

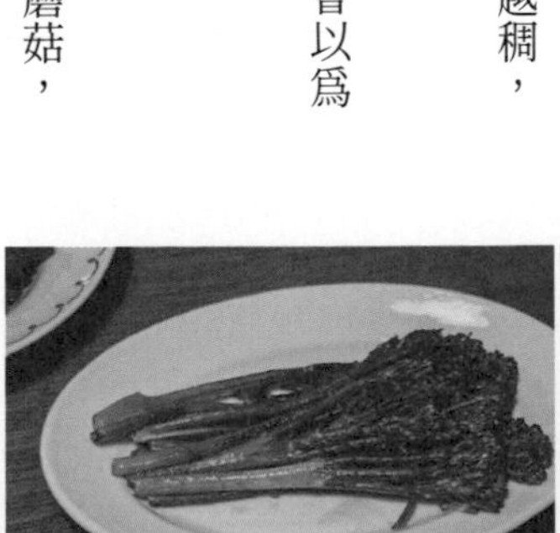

我倒像塊綠豆糕

從印度回香港一週後，感覺被疏通的心情水管，很快又被各種生活、工作上的現實與狗屁倒灶堵住，厭倦地想著，要抵抗的事情實在太多了，在各個層面付出和妥協，獲得的回報卻這麼少，快樂的代價很高，也許我終究不適合留在這裡，若不是那些我熱愛的人事物，香港這座城市本身，有什麼值得留戀的？

某個晚上見幾個喜歡的朋友，一起吃飯，大家說剛從印度回來的你，看起來容光煥發，人果然需要出去走走。其實容光煥發，是知道要見令我能量充滿的人，否則前個禮拜我幾乎日日黃臉婆，每天下班就和先生一間一間房去看，反覆被蹂躪踐踏之餘，無法決定應該犧牲金錢還是生活品質，內心拉扯，焦慮破表。

然而香港卻也是成就我的地方，即便它不完美，於此發生的一切體驗與緣分，都使我的生命進展到過往無從預料的境地，我在這裡變得複雜，並且慢慢長成自己想要的樣子。如果沒有香港，我不會遇見另一半，根本去不了印度，也不可能創造現在的人生。

吃完一頓美好的晚餐，四個中女在街上拉了沒營業的酒吧擱在外頭的椅子來坐，意猶未盡地聊，晚了有人先離席，剩下的繼續坐，期間我收到一則好消息，壓力減輕不少。回家時已近午夜，覺得好累好累，但也好充實。雖然還需要很多信念才能在香港生存下去，熄滅焦慮的火苗，可是對的人事物就能讓這些平凡日子過得精采。

生活不容易，但微小的快樂可以靠自己創造，於是沖一壺茶，配上印度帶回來的點心 Khova。

Khova是一種奶粉製成的糕點，看來硬質的方塊，一捏就碎裂，口感彷彿綠豆糕，所以儘管滋味完全不像綠豆糕，但我內心偷偷稱呼它「印度綠豆糕」。

一粒素素淨淨，奶香淡淡，甜味細緻，不像許多印度甜點，甜死人不償命，Khova 很溫柔，配茶美妙，像是在嘴裡融成奶茶。

生活不容易，但能在喜歡的屋子裡，擁有獨享的午茶片刻，也是香港給我的。

火

作自己的多汁祕方

近年來有個習慣，簡單吃頓便飯卻不知該點選哪部影劇佐餐、做家務需要聲光娛樂提振精神，或純粹只是覺得屋子裡太安靜來點聲響吧——在電視上播放《六人行》。這部被我反覆觀看千百回的經典美劇，是我們家習以爲常的背景音效，每當第十季完結篇六人推著嬰兒車走出公寓謝幕，我便立即重回第一季第一集迎接溼答答新娘子的那間咖啡館。所有情節深烙在腦中，我能邊洗碗邊聽著人物對話，接口演員預計說出的台詞。

照理說，熟稔到這般程度，《六人行》已經不大能觸動我，重複觀賞只是出於某種需要陪伴、轉移生活注意力的苦悶，然而在那多達二百三十六集的故事中，總有好些吃食畫面撩撥我對特定食物的欲望，而且是平時並不怎麼想吃，但只要劇情演到那裡，食欲就被無端啟動。

首先是素食者菲比在懷上三胞胎期間，突然性情大變渴望肉食，喬伊爲免除好友的罪惡感，自願在她孕期結束前改爲吃素，如此一來沒有多的動物被犧牲。於是那集故事完結在菲比母獅狩獵般的神情給自己做醃肉三明治，伴隨喬伊眼巴巴望著，代替觀衆發出各種「喔天哪」的哭音，這段一氣呵成不過半分鐘的片尾，便使我湧起想要來份三明治的情緒，無需複雜，甚至不用起司蔬菜增添澎湃，就是像菲比那樣，兩塊麵包，幾片冷肉，簡單塗抹芥末醬，足以令人六親不認。

再來是莫妮卡代替瑞秋做的一頓晚餐。費盡心思總算與帥氣的客戶約書亞搭上，瑞秋計畫在初次約會展現自己的「廚藝」，畢竟與一位廚師當室友的好處就是能借助對方的專業自抬身價。只見莫妮卡在流理台剝除蘆筍的纖維，瑞秋興奮地分享自己爲約會做的準備，接著問：「對了，『我』要做什麼菜呀？」好友一派輕鬆地答道：「『你』要做一道苦苣沙拉配羊奶乳酪和松子，野米飯，烤蘆筍，還有鮭魚酥派！」完全是一套我若有閒也會想在家裡複製出來的晚餐菜色，尤其是質地舒鬆帶有獨特穀物香氣的北美野米飯；後來瑞秋和約書亞的晚餐被養在公寓裡的雞鴨打斷，我無盡惋惜一桌美妙飯菜沒能在最理想的狀態被享用。

關於甜點的悸動也是有的，還是我向來沒興趣的起司蛋糕。錢德誤食鄰居訂購的起司蛋糕，被瑞秋人贓俱獲進而同流合汙，兩人毫無節制嗑完整模蛋糕，甚至去那間寄錯地址的「芝加哥媽媽烘焙小舖」吃了一頓霸王餐，最後仍不知羞恥地偷走鄰居尚未收進屋裡的起司蛋糕。這蛋糕究竟多麼好吃，讓兩位好友欲罷不能，一再逍遙法外？看著這對男女失心瘋到趴在公寓走廊上分食因爭吵而被翻落在地的起司蛋糕，想起瑞秋對於那塊蛋糕的形容：「它好吃極了，有著奶香豐富又酥脆爽口的全麥餅乾底，搭配風味濃郁但十分清爽的奶油起司餡……」我的嘴裡和瑞秋一樣，口水汨汨流出。

六人的十年生活，創造出無數用餐時刻，在餐桌上吃，在手足球檯旁吃，在客廳茶几吃，在浴缸裡偷情的時候吃……而在完結篇播出十六年後，六人公開聚首回顧的前夕，官方出版食譜書 *Friends: The Official Cookbook*，透過一百多則食譜，帶領劇迷重溫那些笑淚雜陳的片刻，有喬伊的肉丸潛艇堡，有瑞秋的英式乳脂鬆糕（應爲沒加牛肉和豌豆的版本）——還有讓羅斯對主管發飆的感恩節火雞三明治，我們在羅斯崩潰前得知，莫妮卡會在三明治裡夾一片浸潤過肉汁的吐司，讓三明治嚐來更罪惡，羅斯稱之爲「多汁祕方」（The Moist Maker）。我想，《六人行》出於種種原因成爲觀眾心中的永垂不朽，也正是有這些自然而充滿人性的飲食情境作爲劇集的多汁祕方，讓人數度重返仍滋味無限。

不過《六人行》倒不是唯一讓我食癮發作的影劇，事實上，基於飲食編輯的職業病，觀影的時候經常在看劇中人怎麼吃飯。前陣子看幾部作品，都發現自己有這個症頭。

《頭號外交官》的主角凱特被派駐英國，每天早上在大使官邸都有早餐推車任食，培根、雞蛋、吐司、焗豆、莓果、司康……盛在漂亮的盤裡，但她通常不吃早餐，只喝咖啡，心思細膩又有點狡猾的老公哈爾，總故意把食物吃一半留在餐桌上，凱特就在忙碌中無意識地把剩下的食物吃掉。這是丈夫在搖搖欲墜又隱含較勁意味的婚姻關係中，不著痕跡關照妻子的方式。

《悲情城市》有好幾場吃飯的戲，我總垂涎那些幾菜一湯的家常菜。文清在一桌菜前顧著讀書，寬美身懷六甲端著冒煙熱湯進來，他醒悟上前幫忙端湯，開動後不專心吃飯，寬美替他夾了幾次菜，最後按捺不住要他別讀了。我一直緊盯那碗白煙裊裊的湯，很想知道寬美炒哪些菜，可惜4K修復終究沒能清晰得讓人看明白。電影結尾也在吃飯，一顆長鏡頭，對著昏暗的飯廳，只有男人上桌，其他小孩、女人夾了菜就鑽去旁邊的神明廳，林家的男丁只剩下發瘋的文良，其他死的死，失蹤的失蹤，悽愴的命運，一家人仍照常吃飯，而且吃得很香。

那些吃飯的情節提醒我很久沒有好好做一頓飯菜，跟這些角色一樣，我忙著生活裡的其他事情，卻沒人爲我做有菜有湯的晚飯。貪心，貪吃，終究只能靠自己。

於是某天的晚飯餐桌是這樣，鹽麴炒西洋菜，番茄炒蛋，滷豆干，酸白豬肉豆皮鍋。如此盤算著。要有豔綠的時蔬，像《悲情城市》林家的灶頭會端出去的；廚房存有熟透的番茄，與雞蛋一塊兒喚回家常菜的魂魄；從飲食作家莊祖宜那裡讀得樂評人馬世芳的豆干食譜，把豆干在滷水中滾得蓬鬆柔軟，冷熱吃都好；冰箱裡一小盒酸白菜和醃汁，是一爐熱湯的美好基底。

戲裡有其他角色，片場有工作人員；飯菜有人煮，碗盤有人洗。我是自己的其他角色，自己的工作人員，自己的多汁祕方。

火

廣島牡蠣與統一肉燥麵

也不知是入秋的緣故，還是純粹遭遇跨不過的坑坎，抑或是天上哪顆行星又在順順逆逆擾亂荷爾蒙，從印度回來後，大多時候沉在低谷，提不起勁做任何事，沒有下廚的欲望，即便開伙也只爲簡單果腹。

臨去印度前已經感覺自己陷入瓶頸，天眞以爲離開一陣子，會讓我充滿活力地重返正軌。結果沒有。那種對現狀的不適，反而被印度的新奇、有機甚至是混亂與無從意料，對照得更明顯，相較之下我回歸的日常還眞是一點都沒變，很小的房子，例行的工作，我知道問題是什麼，但無力解決，只能任由時間經過，盼望搬家的日子到來。

剛結束年度大活動的J傳訊來，說她在超市買菜，想做燉肉料理，要我給點靈感，我隨意指點一道白酒燉雞，她就興沖沖準備去了。我心想，一個焦頭爛額數週而且沒怎麼睡覺的朋友，都有動力備菜做飯，我卻好像經前症候群長達一個月那樣懶洋洋，找回最微小的快樂，居然如此艱難。

總算等到香港轉成溼溼冷冷的氣候，在屋裡要穿針織薄衣。午餐時分，我對著流理台發愣，連亂煮個什麼都沒頭緒。突然想起去印度前，曾打算煮包統一肉燥麵配煎過的廣島牡蠣，毫無理由地把珍貴的海鮮與泡麵送作堆——就想這麼吃。當時因爲支氣管仍虛弱而擱置念頭，如今天涼正好。

從冷凍庫拎幾隻牡蠣，泡在鹽水裡解凍，這樣煎的時候，牡蠣比較不會縮水。平底鍋入薄油燒熱，將幼嫩的牡蠣擦乾身子平鋪上去，別翻動，兩面都煎出色即起鍋；另一爐滾水煮麵，麵在水裡打散後就熄火，軟了沒嚼感。保水又色香的牡蠣疊在湯麵上，蔥花撒得豪邁，再來些七味粉，有紅有綠算是給日子施了些胭脂。

捧著坐在電視前吃完，不敢說一碗奢華的泡麵讓人瞬間精神鼓舞，但肯定是獲得片刻療癒，畢竟低潮也需要力氣。

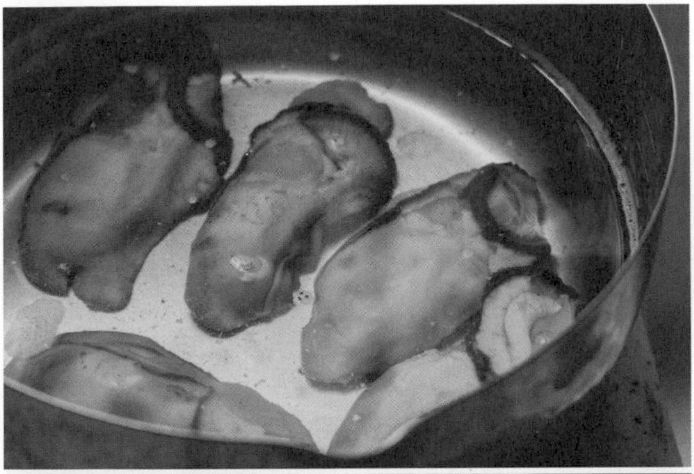

火

日式便當

以一個還算熱愛做菜的人來說，很多食物，我是驚人地沒做過，好比說玉子燒。倒是擁有一個玉子燒銅鍋長達超過一年，那就是個「買了覺得自己會開始練習做，但其實對這道料理不怎麼熱情」的購物行爲。直到我又迷上做常備菜，想爲自己編排一個日式便當，冰箱裡躺著幾粒快過期的雞蛋，於是挖出那只沾染灰塵的銅鍋，認分洗淨、開鍋，總算還人家一個公道。

實際做了才知道，爲什麼大家說評價壽司師傅的功力，包含看他怎麼演繹套餐收尾的玉子燒，要做得層次完美、口感蓬鬆溼潤，眞是不容易呢！身爲製作玉子燒的處女煮婦，完全沒在追求這些境界，只求蛋皮能夠乖巧地對折再對折……或許開鍋的步驟執行得不是很澈底，鍋底還是有些沾黏的狀況，讓我在爐台前焦慮萬分。

不過玉子燒說難，卻也不難整得像樣，蛋皮亂七八糟疊成一個長方狀後，再方方面面煎製定型，竟也是穩妥地長成理想的樣子。

做便當的緣起，是因爲看 YouTuber「日本人夫婦」示範幾道由小松菜變化的常備菜，睡前看這種樸實的煮食畫面，頗有 Inception 的植入效果，眞的會起而行。

最感興趣的是「小松菜拌魩仔魚」——本來基於環保考量，盡量避免吃魩仔魚的，但近來發現觀念可以調整了，習慣食用這些小魚的國家如日本、台灣，如今都有嚴格法規監管捕撈魚苗的品種與時節，偶爾吃吃不礙事。

根據日本人夫婦的食譜，小松菜整株燙熟，切得細碎，以香油將魩仔魚炒香，趁熱拌入小松菜，撒上焙煎芝麻就完成了，簡單得讓人很有成就感，存放在冰箱裡可吃上幾天。

備妥一盆常備菜，現煎一塊玉子燒，再切一顆番茄用梅子味噌調味，妝點紫蘇葉——當然，紫蘇葉的功能不只是裝飾，清亮的香氣與番茄、梅子味噌都合拍——我不是每天那麼盡心爲自己準備餐食，一旦冒出想要做些什麼的衝動，就要把握機會。

有時候，衝動就只是吃一份每個細節都被眞情對待的日式便當。

火

納豆飯

經常得意能在離家不遠的地方左擁右抱兩大日本超市的我，卻是很晚才初嚐納豆的滋味。

對納豆的印象多半從日本影劇看來，氣味強烈，黏呼呼，都不是討喜的描述。因此即便熱愛豆製品，出門三分鐘就能取得各種調味、尺寸的納豆，我總是在逛超市時經過那一落一落小巧的方盒，有時候甚至拿起來端詳許久吧，最後還是放下，想著：嗯，不行，緣分未到。

近年逐漸接受一個事實，也就是我的腸胃與板豆腐不合。發現這件事已久，但是一直寧可照常隨心所欲地吃，再無奈地向馬桶報到。然而身體終究覺得累了，儘管我非常非常喜歡板豆腐，卻也不是非吃不可（爲了別被馬桶制約，我可是連美妙的菠菜都放棄）。既然少一樣豆製品能吃，便想著應該開發新的版圖。

考慮好一陣子——對，我的人生就是常常在思索這些無關緊要的小事——發酵，黃豆，都是深得我心的關鍵字，印尼的天貝也嚐過，很滿意，猜想納豆的味道是相去不遠吧？

沒想到爲一小盒納豆鋪陳這麼久，總之我吃了，最安全的方式，學影劇裡的老派日本家庭，蓋在米飯上吃。挺好的，不知道爲什麼浪費那麼多時間糾結，雖不致於到相見恨晚的美味程度，勢必也無法取代板豆腐在我心中的地位，但能在豆製品清單上新增一個選項，正是我在生活中所需的微小喜樂，一粒小小的納豆，又是一個待發掘的世界。

伴隨納豆飯上桌的，是幾道簡單的素菜，鹽燜青椒，梅子味噌拌小松菜，高湯煮蕪菁，蕪菁本菇味噌湯。都是毫無技術可言、適合一次多煮些份量的常備菜角色。

鹽燜青椒食譜來自料理家飛田和緒的《常備菜》，取用個頭嬌小、薄皮嫩肉的日本青椒，完全不做任何處置，洗淨鋪在鐵鍋裡，撒點鹽、淋些油，蓋鍋中小火燜八分鐘即成。這樣烹調青椒會帶點誘人的煙燻味，配柴魚片或七味粉吃都好。

其餘都是水煮。汆燙過的小松菜拌入自製的梅味噌；用日式高湯把蕪菁煮到通透，蓋一叢細絲昆布，這是在 Kyoto-Oden Masa 店裡學到的吃法；同一粒蕪菁，取部分片薄，連同本菇在高湯裡煮熟，最後磨入味噌。

做這餐飯時，正值社會氣氛浮躁，在訴說或接收各種苦痛之後，好好做一餐飯，即便只是水煮把食材燙熟，就是最好的安頓自己的方式。事實上，我常覺得，如果越來越多人在乎把什麼吃下肚，親自買菜做飯，藉由雙手，藉由吃食如此基礎的生存活動，和宇宙萬物產生連結，意識到自身就是能被這麼簡單的事物療癒的有機體，或許這個世界會少去很多罪惡。

爲自己烹飪，是一種淨化身心的冥想。

物

源興香料公司

我對香料的認識本來有限，直到遇見另一半，才爲我打開了香料大門。第一次約會時，他從家鄉帶來各式各樣的香料，粉末狀、種籽狀……類別之多，令人迷惑。有的香料名字我聽過，但從來不知道怎麼使用；有的則如外語那般陌異。我們在小小的廚房裡，並肩做印度菜，看他把所有將用上的香料攤在盤中，顏色繽紛，不像做菜，倒像作畫。

香料本具有催情作用，一場戀愛從香料開始，再適合不過。

後來那些沒用完的香料被留下，我偶爾翻出來研究，自學做香料飯（Biryani）、咖哩（註），要與這些陌生食材培養感情最好的方式，就是親手觸摸、嗅聞一番，並閱讀食譜、實際走一遍入菜的步驟。從此我的廚房裡多了來自異地的風味。

註——「咖哩」是因殖民歷史而產生的外來名詞，英國人將各種以香料調味製成的濃稠醬汁料理統稱為咖哩，但其實印度飲食文化中不具有咖哩的概念，每道菜都有自己的印地語名稱。為了便於讀者理解，仍使用咖哩一詞。

搬至香港，日常與香料的關聯又更加緊密一些。香料可以是異國的，也可以是熟悉的——滿街的潮式滷水店，展示著清淡的香料應用；近年來香港人對川菜的興致大增（但多半以麻辣味型的江湖菜爲主），再加上據傳發明於九〇年代、源自深圳的雞煲火鍋，則標誌出香料的重口性格；還有因本地族群樣貌多元而催生的道地南洋菜、印度料理，更讓人時時經驗香料複合的美妙。

這樣一座飲食風景明媚的城市，有一間百年的香料行，似乎也合情合理。

源興香料公司，開業於一九一二年，寬敞的店鋪座落上環荷李活道和樂古道之間的斜坡上，行經那一帶，絕對不會忽視它，氣味先至，接著是整齊排列的香料山引人注目，視覺和嗅覺的存在感極強。店內員工若干，忙於將大袋的香料分裝成小包，氛圍安靜，彷彿圖書館。

而它的確也是風味的圖書館，販售品項多達百種，供應餐廳酒樓的批發量，也設計出打動路人如我的家用零售商品。鋪頭左側一落一落插著中英對照名牌的香料，招攬客人的作用居多，散客若想購入少份量嚐鮮，右側的架子上陳列著各式一兩重的包裝，事先密封好了，拎出來結帳即可，不擾亂員工爲你這一、二兩的好奇心，停止手邊工作。

單品齊全，製作潮州滷水的基本香料如沙薑、草果、丁香、甘草、桂皮等都找得到。粵菜少不了的新會陳皮，從擱在地上一麻袋的平價等級，到封在罐內的數十年珍品皆有，二十五年的每兩爲二百五十元（港幣），三十年的每兩爲三百五十元，四十年以上的，索性省得標價了，尋常百姓多半不會買。西式廚房裡常備的奧勒岡、百里香、羅勒或巴西里，也都穩妥裝瓶，貼上復古的商標。我爲了做麻婆豆腐，購入一包四川大紅袍花椒，香氣芬芳，麻感適中溫柔。

有意思的是多款源興特調的獨家配方——煨紅燒牛肉和燉清湯牛腩的香料組成不同，滷水需要的材料十多種爲你捆好一包並附上食譜，印度奶茶的香料小小一袋可煮成四人份，麻辣火鍋的藥材不分冬夏都能備在家，每年聖誕節前夕亦會推出熱紅酒的香料組合，甚至連日用的驅蚊包都有，天然不傷身。粉類的產品也是祕製，咖哩、沙嗲、肯瓊……或是專門調味雞肉的雞脾料粉、炸雞香料。

有時途經上環，我喜歡繞過去，在店門口探頭探腦，複習香料的品種和長相，順手揣一小袋廚房缺的回家。店員儘管忙碌，仍舊和氣解答我的提問，據說如果遇到好客的老闆，還會滔滔不絕給你上香料課。在這裡購物的感受，從來都如整屋辛香那樣讓人舒懷乾爽。

最近天涼，心裡盤算來滷上一鍋，尤其那滷水料以紙袋裝裹，濃郁的氣息穿透，未滷人已先醉。店裡最年輕的員工見我拿了一包在手上，出聲提醒：「第一次用，泡個三、四十分鐘就行了，太濃不好吃。」原來滷水料理不是香料味越濃越好，賦予食材繁複的滋味是目的，但不能強烈過頭掩蓋食材的個性。

又對種類多樣的乾辣椒感興趣，但是使用香料的速度向來慢，決定只挑一種試試，於是指向體型嬌小可愛的野山椒干，店員說：「這是非洲的品種，比那邊印度來的指天椒辣三倍，是這裡面最辣的喔！」他又補充，做菜時，只要放一、兩粒，便足夠辣。外貌只是幌子，辣椒界的法則總是人小志氣高。實在想知道最辣的辣椒到底有多辣？還是勇敢帶走一包，剪開後果然辛氣撲面，光以鼻子聞就領教它不簡單的辣度。

由於家裡住了一個印度人，所以不時會煮香料奶茶（Masala Tea）。夏天喝，適合治冷氣病；冬天冷得骨子發寒，更需要來上一杯暖身。煮奶茶的香料比例，我一向隨興，從香料盒裡揀個兩小塊肉桂，數粒丁香、綠荳蔻，一撮小茴香或孜然，一朵八角，再加上老薑兩、三片，紅茶包一只，就能動手。

源興的奶茶香料包還多了黑胡椒粒和黑荳蔻，也是經典的組合。這天下午我拆封，準備煮奶茶，發現家裡沒薑，心想無妨，秋天有時仍感覺燥，不放薑也行，而且源興的香料新鮮非常，體質好，味濃，足夠完滿一杯印度奶茶。

香料的英文是Spice，既是名詞，也可作動詞。動詞的意義，給食物添味，也爲事情添趣。居住的城市裡有老老的香料行，日子裡有用不完的香料，就能把生活調成自己想要的味道。

煮婦簡易但囉嗦的香料奶茶食譜（每次煮都不一樣）

◎食材

任何你能取得的香料包（如果沒有，盡量在中藥行湊一湊文內提到的那些：肉桂、丁香、綠荳蔻、小茴香或孜然、八角，缺幾樣也不礙事）

老薑——兩、三片

紅茶包——一個（立頓就可以了，不需要太高級）

牛奶——一百五十毫升（可替換成植物奶）

開水——三百五十毫升

◎步驟

①取一牛奶鍋將水燒開後，放入香料、薑片，小火滾兩分鐘，再加入茶包。

②茶湯轉深色後，倒入牛奶，奶量其實隨意，一百五十毫升僅供參考，可依個人喜好增減。通常調出帶點橘色的湯水才是接近正宗的比例，但如果你喜歡奶味重一點，偏奶白也不是犯罪。

③待湯水再度滾起，便可熄火，靜置十分鐘，讓香料味再滲出更多。喜歡滾燙溫度的人，要喝之前可再開火熱一下。

④杯底放一點糖（不放也沒關係），熱奶茶倒進去順勢把糖沖開即可。

物

新祥益餅店

中秋將至，應景談談餅事。

我愛吃傳統的中式糕餅勝過新潮的西式點心，若經年老餅鋪與時下法國甜品店咫尺之遙，我會毫不猶疑被有點髒汙、有點油膩，而且燈光昏暗、地磚破損，那樣的面容，給吸引過去。

香港的餅家多如麻，連鎖品牌多半也從小店做起、歷史悠久，然而拚了市占率，糕餅的手工感消失，包裝華美，逢年過節送人體面，但感覺是禮品，不是食物。

因此我一向尋找那種做社區鄰里生意、卻一做幾十年的老餅店，除了心理上認爲他們的糕餅點心更具實力，也抱持守護城市風景的心情；衆所皆知，穩定上漲的租金逐漸讓許多老店不支，就在產出這篇專欄的同時，開業於深水埗四十多年的「均香餅家」便宣布結業(註)，店家貼出「新業主瘋狂加租，無奈本月底結業」的告示，街坊鄰居大排長龍來表達最後的支持。

註——均香餅家結業半年後在舊鋪隔壁尋獲新店面，能延續幾十年的人情味，很幸運。

每每尋獲一間老餅店，總想著：也不知道他們還能撐多久？能買一塊是一塊。《蘋果日報》停刊前，我不時參照《飲食男女》的專訪摸索街區，新祥益餅店就是這樣來到口袋裡的。

餅店與我都安身於紅磡。這塊位於九龍半島東南邊的窄地，由許多小區域組合而成，少爲旅人所拜訪。一般人聽聞過的理工大學、紅館，都位處南緣紅磡灣的塡海區上；我慣常活動的黃埔，

接壤紅磡灣東北面，過去曾是亞洲最大的船塢之一，如今整片長出住宅屋苑；再往北走，抵達鶴園，是昔日的工業區，新祥益就守在邊上，每日透早開業，餵養清晨上工的人。

有大學院校，有面廣的住樓，有沒落的工廈，而百年觀音廟附近殯葬業聚集，紅磡的居民偏安一種固定的生活模式，頗適合老店休養生息。

新祥益於一九八四年在土瓜灣開業，一九九一年遷至紅磡現址，腳跟一紮，三十年晃眼過去。除了正面的招牌，側邊掛著大大的「飽餅」兩字，「飽」通「包」，指的是西式麵包，但我自然是爲了那個「餅」字而去，餅也有舊稱，在香港一般喚作唐餅，或是漢餅，相較於稱呼它們爲中式糕餅，我更喜歡唐、漢的文史特徵，彷彿手中那一小塊點心，承載的是超越世紀的牽連。

每天出爐的唐餅包點品項數十種，鋪頭雖小，卻也令人一時眼花撩亂。店頭右側的展示櫃，整齊排列著唐餅選項若干，各個新鮮可口的模樣，必須精打細算卡路里，才不致於對顧店的阿姨說「不管你們烤了什麼，全部都給我來一點」。

初次拜訪時，率先被我放入購物車的是久仰大名卻從未嚐過的雞仔餅。雞仔餅是廣東的傳統點心，相傳由一名爲「小鳳」的婢女隨手發明，小鳳在廣州的老茶館成珠樓裡工作，成珠樓後來把這款點心註冊商標，商標記號是一隻小雞，中國人常將「雞」美名成「鳳」，久而久之便被廣州人俗稱爲雞仔餅。

因此儘管名爲雞仔餅，來源卻與雞無關，成分也沒有雞，倒是有肥豬肉，製作時將泛油的豬肉粒揉進麵團裡，但由於麵餅被烤得硬脆，所以完全不覺油膩。另一特點是加了南乳調味，這種廣東的腐乳以紅麴發酵製成，顏色因而偏紅，除了腐乳會有的酒香，還帶點甜味。

據傳小鳳當年是手邊有什麼食材就亂揉一通，意外創造出如此繁複的滋味，甜鹹交錯，芝麻的香氣散布其間，而新祥益的雞仔餅還加了瓜子仁，吃起來更有層次。

另外瞥見左邊的牆上吊著一袋袋光酥餅，乍看以爲是我愛極的「台式馬卡龍」，欣喜若狂扯

下一包，還天眞想著「香港怎麼也有」，回家拆開才知誤會大了。

光酥餅與廣東佛山的「西樵大餅」有淵源，可說是它的縮小版。傳說故事幾個，但不出「下廚之人爲遠行的旅人簡單製作便於攜帶又不易腐敗的乾糧」這樣的設定，因此可想而知傳統的光酥餅材料相當單純，僅需要麵粉、雞蛋和糖，如今會加入泡打粉或食用臭粉，增加蓬鬆感。

重量輕盈，近乎麵包的咬勁，但又鬆脆一些，咀嚼間淡淡的糖香釋出，光酥餅符合我心目中無需複雜成分也能療癒人心的唐餅印象，是理想的茶點。

後來幾次經過，又嘗試了招牌的紅豆沙切以及老婆餅。紅豆沙切源於澳門，是餅店老闆盧義向澳門師父學的，同樣是基本款的食材，麵粉、糖、油和雞蛋，攪和後揉成外皮包裹紅豆餡。揉外皮的技巧講究，影響到口感是否鬆軟。雖是餅店的主打，我也知道製作費時費力，但嚐過半條，並不欣賞。

倒是驚喜地迷上老婆餅，在台灣時總以爲老婆餅和太陽餅相去不遠，吃了新祥益的老婆餅，才明白是截然不同的兩種唐餅。老婆餅本源自廣東，又稱冬蓉酥，餡料是糖冬瓜、椰絲、芝麻和糯米粉等，不像太陽餅或大甲的奶油酥餅，餡料是薄麥芽糖，老婆餅的內餡厚實，具麻糬的彈性卻不黏牙，椰絲的清香在齒間散開，酥皮不厚，卻有五、六層，底部微焦，上軟下硬，入口後的表現，豐富極了。

我通常趁中午繞去新祥益，展示櫃鋪得滿滿，逗留久一些，又不時看到盧老闆從店鋪後方捧來一大盤新鮮出爐的麵包，讓人滿心歡喜，常會不愼多帶一個熱呼呼的菠蘿包。每次去，總不斷有人經過停下來包幾塊餅，生意挺好。

大部分的糕點麵包都得透過收銀阿姨幫忙夾取，頗有一種法式烘焙鋪的風情，阿姨是老香港的脾性，總盯著我在那裡三心二意，彷彿巴不得替我決定。前幾天去，想著中秋要到了，老餅店該出月餅吧？阿姨指指角落的架子上，掛了一疊傳單，粉紙黑字列著月餅的品項價目，清清楚楚，不囉嗦。

何時可以下訂？「兩個星期後。」眼看他們古早味的店招上寫著「中秋月餅」大字，傳單上又標註「月餅全部精美鐵盒包裝」，如此樸實可愛的文案，沒圖沒眞相的年代，誰敢只依文字敍述就掏錢？但是老餅店眞材實料數十年，品質穩定的產出就是最令人信服的廣告，老店的風骨，不張揚，直球對決。兩個星期後，我肯定回來。

新祥益餅店後話之中秋月餅

寫完當時造訪「新祥益餅店」，誤解收銀阿姨的意思，以為月餅是要預訂的，因此中秋節前一週，某天中午就繞過去，說我要預購月餅。欸，結果月餅都已經做好了。餅店裡，阿姨、師傅都在，問：「你要什麼口味？」我在去之前，研究半天，想想自己還是喜歡口味單純一些的，答：「雙黃紅豆沙。」大夥的目光朝鐵架上掃描，大喊：「有！這個有貨！」立刻抽出一盒沉甸甸的，交到我手裡。

看見鐵盒的蓋子，內心不禁失笑，原來傳單上寫著「精美鐵盒包裝」，是這般「精美」，大約是介於復古和現代的尷尬風。算啦，反正是為月餅而來的，每顆都碩大無比，提回家還覺得手有點痠。

除了帶走一盒雙蛋黃豆沙月餅，阿姨又問：「要不要吃吃看五仁的？」知道五仁月餅是經典的廣式月餅，不過我向來討厭唐餅裡餡料過於豐富，本來沒什麼興趣嘗試，但既然阿姨開口問了，又可以單個買，便順手拎走一個。

好像是多年來第一次自己買月餅吧，特別興奮。中秋那天，恭敬地拆封，穩妥地放在骨董盤上欣賞，總是很著迷模具在餅皮上烙刻的紋路字樣，是古樸的幸福感，令人捨不得破壞。

廣式月餅吃的就是皮薄料多，還未切開已經看到餡料爆至表層，我是滿愛吃那層酥鬆的餅皮，倒覺得厚一點好，味道上也比較平衡。

率先嚐嚐雙黃豆沙，豆沙餡油潤香軟，甜度適中，鹹蛋黃也自然地助人克服餅餡的甜膩感，眞希望不只有兩顆蛋黃呀。

五仁月餅倒是出乎意料地美味，這款月餅原來有嚴格的定義是必須包含杏仁、橄欖仁、核桃、瓜子和芝麻，但早期進口果仁還沒那麼通暢時，有些材料常會被替換成花生、糖冬瓜等。新祥益的五仁月餅大概有點融合四方的口味，我很努力辨認的食材有糖冬瓜、腰果、杏仁、糖漬桔皮、瓜子仁、芝麻等，眞的是吃塊餅，舌頭和眼睛都很忙。

早年爲了節省食材成本而加入糖冬瓜，我覺得倒是在口感上的必要之舉，冬瓜餡嚐來略帶黏勁，又有瓜果的水潤，讓人不會吃塊月餅，咀嚼得很累；桔皮的柑橘香氣突出，在風味上拉出另一個維度，亦讓人聯想到這是一座處處可見陳皮的城市。

兩種月餅交替著吃，挺好的，但終究還是認爲雙黃豆沙那樣單純的組成適合我。

後記——新祥益餅店在二〇二二年秋天低調結束營業，沒嚷嚷，也不貼布條，經營者盧老闆僅淡淡向客人提起自己的打算，便在十月三十一日那天最後一次揉麵團、啟動烤爐。我傷心一陣，但想到這行業薄利多工累人，只能默默支持老闆退休。孰料，後來餅店由香港的長者就業機構「銀杏館」接手，換上嶄新的招牌，雇回原本為盧老闆打工的姨嬸叔伯，繼續售賣手製的唐餅；然而沒了盧老闆把關品質，口感滋味皆無以往的水準，購買過一、兩次，無法說服自己再支持下去。在我心裡，新祥益餅店確實已經結業了。

我在印度做香菇肉燥

睽違三年，再次陪同先生返回印度，一如所有台灣小孩回家，都是轉爲巨型垃圾模式，我倆亦比照辦理。躺著白吃白喝三天，終究覺得應該起身貢獻一下，才不會顯得廢物媳婦，於是當晚的餐桌改由我填滿台式的家常菜。

大部分生活在印度的印度人，特別是老一輩，的確是習慣天天吃印度菜，因此要做出合他們胃口的料理，得費一番心思。

想到先生向來買單我隨手做的香菇肉燥，薑蒜調味，再加上焦糖化的洋蔥，與印度菜的組成也有87％相似（才沒有），而且我們台灣人的肉燥就是很討喜呀，炒過的醬油香，乾香菇的精華，應該不可能失敗吧。

選定主角，剩下的點子也一一浮現：具有台灣煮婦精神的番茄炒蛋，有蔥好辦事的蔥燒豆腐，營養均衡的蒜炒高麗菜。

當然，在印度做台菜肯定無法事事如意。網購來的番茄太生，炒不出番茄的鮮味，只好用番茄醬調整；豆腐的質地很粗，吃起來像豆渣，也沒什麼豆香；高麗菜苦味驚人，必須硬著頭皮吃。

所幸香菇肉燥十分圓滿，姊姊幫忙買到李錦記的老抽以及乾香菇，家裡還有米酒，已經先成功一半。印度人普遍不吃豬肉，我把豬絞肉換成雞絞肉，多添點植物油保持肉質溼潤，彌補雞絞肉容易乾柴的缺陷。

這份食譜是一個台灣媳婦努力在印度廚房裡變出來的香菇雞肉燥，提供給不吃豬肉的家庭參考。

香菇雞肉燥（五人份）

◎食材

雞絞肉——四百克
洋蔥——兩個
乾香菇——一把約一百五十克（更多也無妨）
大蒜——四、五瓣
薑——一小塊
醬油或老抽——適量

米酒——適量

◎**步驟**

①乾香菇泡熱水直至軟嫩，取出切丁，香菇水留著備用。洋蔥、大蒜和薑都切碎。

②熱油炒乾香菇丁，香菇很吸油，油量可多一些。接著倒入洋蔥丁炒至金黃上色，並加入薑蒜炒香。

③雞絞肉入鍋快速拌開炒散，以免結成肉丸，炒的時候可適時補油。水分釋出後，沿著鍋邊倒入米酒和醬油，拌炒均勻並讓酒精蒸發，因爲還要加水，所以醬色可深一些。

④倒入之前保留的香菇水，再加入開水直到與鍋內食材等高，煮滾後轉小火燜十五至二十分鐘，最後嚐嚐味道，適量落鹽。

香菇肉燥配飯、拌麵都成，我從行李箱挖出購自台灣的苗林行半生麵，下了三包，五個人吃恰好。

肉燥這樣一煮就是一大鍋，一餐其實吃不完，剩餘的收進保鮮盒，冷藏三、四天還行，若想存久一點就放冷凍。另外我在炒肉的時候有加一根辣椒提味，但是完全不辣，嗜辣的人多放些辣椒，更涮嘴。

如此四菜上桌，雖然整體滋味不達心中理想，但也很豐盛了。姊姊開一瓶紅酒，說「這麼好的食物應該配酒」，公公搶先盛了一盤肉燥拌麵，嚐一口說：「嗯，味道很正確。」儘管這是公公人生七十第一次吃到香菇肉燥，也不知他從何判斷正確，但看來台灣太太的表現應該有通過吧。

本來負責煮晚餐，就是要讓每天都泡在廚房裡的婆婆可以休息，結果她太好奇我要怎麼做這些菜，最後仍然幾乎全程湊在一旁看，又用手機拍影片記錄。姊姊更是跑進跑出幫忙張羅某些不大好取得的食材，甚至幫我洗菜、切菜。

廢物媳婦要想不廢，還是會累到其他人呢。

我信 Pav Bhaji，得永生

這盤其貌不揚、糊得亂七八糟的食物，會帶你的靈魂上天堂。

塗了奶油的鬆軟方型麵包，配上一碟濃稠的香料醬汁，這就是印度小吃 Pav Bhaji（發音近似「啪巴嘰」）基本的組成。Pav 指的是整條的方型麵包，Bhaji 卽爲厚重的蔬菜醬汁。Pav Bhaji 在印度飮食中，算是餐間小食、宵夜的地位，起源地就是孟買所在的馬哈拉施特拉邦（Maharashtra），後來才普及全國。造訪孟買前不久，在串流平台上看《午夜亞洲》紀錄片，以孟買爲主題的那集，採訪了這家五十多年歷史、只賣 Pav Bhaji 的老店 SARDAR。一家餐廳只賣一種餐點，還能屹立超過半世紀，肯定有什麼過人之處，自然對先生吵著說到孟買後一定要去吃。

醬汁是 Pav Bhaji 的主角，主要以洋蔥、馬鈴薯、番茄以及大量香料製成，是一道素食料理，向來搭配方型的麵包吃。SARDAR 的 Pav Bhaji 之所以出衆，在於他們使用奶油不吝嗇，除了一開始用兩大磚奶油炒蔬菜，上桌前還會每盤都再削一片奶油進去，不計熱量的顧客就自行拌開。

而醬汁的濃稠，來自於份量驚人的馬鈴薯，網路上有人從頭拍攝 SARDAR 的廚師製作醬汁，馬鈴薯是整桶倒在鐵板上，必須不停翻炒、攪拌才不會燒焦，可想而知手臂有多麼痠痛，眼看那位廚師一會兒雙手齊出力，一會兒又左手緊抓旁邊的桿子，右手使勁鏟料，猜想他的肌肉應該是長期發炎的狀態。

我們點的 Cheese Pav Bhaji 是變種版本，上菜時不僅有一片微微融化的奶油，還鋪滿起司，簡直罪上加罪。醬汁端上桌沒多久，便有另一名侍者舉著一大盤噴香、以奶油烙過的麵包出來，分配給全店的顧客。

抵達之前，先生問我：「你打算吃幾個麵包？」我心想，這麼恐怖的澱粉炸彈，一個就夠了吧？殊不知那麵包輕盈如棉，奶香撩人，蘸著滋味繁複的醬汁，一個麵包根本是瞬間消失，毫無自制

地跟先生說：「嗯，再來一個。」先生笑出來，補充說道，大部分印度人吃 Pav Bhaji 都是四、五個麵包起跳。

其實不是第一次吃 Pav Bhaji，早在香港家裡偶爾叫印度菜外賣，就曾經體驗過，但跟孟買 SARDAR 的 Pav Bhaji 相比，完全兩回事。連先生都說：「這應該是我吃過最好吃的 Pav Bhaji，眞的難怪 SARDAR 這麼有名。」

經過此行，我必須宣布：信 Pav Bhaji，得永生。

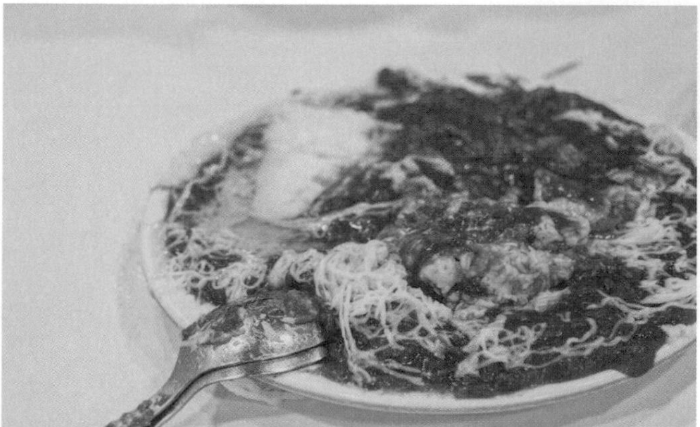

我 班加羅爾料理人

那天一早，我們從孟買搭機回班加羅爾，結束拜訪姊姊的行程，終於到達先生近三年沒返回的家。這次回來，情緒有些激動，不只是很久沒回家，以往總是在門口熱烈迎接的狗狗如今也已經不在，空蕩的門廊令人傷心。

狗狗過世後，公婆對動物的關愛移轉到巷子裡的流浪狗以及成群的烏鴉上，一到家沒多久，公公就忙著給烏鴉張羅食物，先是在外牆上倒一排零食，看到鴿子來蹭飯，還會揮手把牠們趕走，因爲食物是特地爲烏鴉準備的；開胃零食很快被衆鳥分食完畢（後來鴿子與烏鴉相安無事共同用餐，公公也就不趕了），接著祭出以香蕉葉盛放的優格飯，這是給烏鴉的主餐。兩老相依生活在班加羅爾的日子，約莫就是這些細小的瑣事。

中午到家，一行人疲累，午餐由住在附近的嬸嬸做好，讓堂弟送來，印度家庭總是如此緊密相助，旅程後返家有親人的家常菜慰勞。

晚上婆婆問我想吃什麼，由於某個宗教因素，接下來一個月不能在家烹煮葷食，想了想，我說想吃她之前做的香料炒綜合蔬菜，她於是喚公公騎機車去採買食材，接著打開冰箱說：「你看，我的冰箱都空空的。」我以爲是出遠門之前慣性清空，她說不是這樣，而是習慣每天只買夠用的菜量，做少份量的菜餚，盡量當天吃完，畢竟公公也不大吃隔夜菜，所以冰箱向來空蕩、幾無存貨。

蔬菜到齊，開始洗切備料，我在一旁幫忙，後來婆婆十分懊惱馬鈴薯煮糊了，一直說對不起，我心想有得吃就感激不盡了呀，軟爛的馬鈴薯又何妨！但亦能理解她身爲煮婦的堅持，趕緊跟她說，我們改天再做一次，幫她拍更完美的照片。

搭配炒蔬菜，另外做了洽巴堤（Chapati），麵團已由家裡的幫傭事先準備好，但看婆婆俐落的分塊、擀麵皮更是精采，我沒有一如往常地在旁記下洽巴堤的食譜，因爲食譜並不複雜，難的是那些手勢和動作。婆婆三兩下便把一塊麵團擀得圓圓，扔到鐵板上烙，同時擀平下一塊，期間不忘把兩

面都烙好的麵皮移到烤網上，直火熱力使麵皮膨起如球，這個過程會讓麵餅裡外都香軟美味，唯有擀得形狀圓滿、厚薄一致，才能順利膨起。這樣的手藝我實在學不來，而婆婆已經做了近乎一輩子。

烤好的麵餅，會收到一個圓形的盒子裡，用湯匙塗上澄清牛油（Ghee），一片一片疊起，是香氣四溢的麵餅收納盒。

回到自己的廚房，婆婆明顯非常自在，說她在姊姊家的時候，得一直問東西在哪才有辦法煮飯，「在我的廚房裡，我閉眼睛都能煮。」她的調味料、備品全用各種尺寸的不鏽鋼罐貯存，幾乎沒有標籤，但她完全記得哪個位置是哪樣材料。

此刻不寫婆婆的食譜，寫她身爲料理人的技藝與原則。

我 有光的世界

排燈節（Diwali）在印度教中是陰曆新年的意義，也是象徵光明的節日（Festival of Light），十分重大。從小在印度教的迷信與繁文縟節中成長，先生在離鄉背井後，向來對於過節興趣缺缺，有時還是我特別弄些節慶的擺設，否則我們同住的屋子裡，絲毫不見一個印度人生活在此的蹤跡。

在疫情阻絕返鄉之路近兩年時，他突然主動說：「我今年想過排燈節。」終究是太久沒回印度而想家了啊。

於是我去印度商店買些小巧可愛的油燈、乾果，在家附近的花店張羅鮮花，通常是用紅紅黃黃的球狀金盞花，但在香港不好取得，用其他帶點喜氣的花種湊數也行。先生向餐廳訂購新鮮現做的傳統甜食——如此布置了一個小小的神龕，請出我們的迷你象神坐鎮。

當晚邀請兩、三好友加入，畢竟過節，還是人多熱鬧些。在桌上排開從餐廳外帶回來的幾道素菜（印度教的婚喪喜慶一律茹素），點起油燈，散置家裡各處，原始的燭火帶有一種平靜的力量。用餐前誠心對著象神祝禱，謝謝這個世界有光，有愛。

隔年世界逐步拾回原有的節奏，我們終於在睽違三年後返去印度與家人團聚，照理說思鄉情解了，在香港慶祝排燈節便不再必要；但習俗是這樣養成的，當傳統進入生活，被準備節慶的寧靜喜悅淨化過一次，就會讓人想要一再重溫那麼純粹的快樂，當然前提是依照自己期望的方式打理。而如今，我們也是一個每到秋天就會迎接排燈節的家。

所以那年回到香港後仍過節，並且比照前年，邀些朋友共聚，在印度期間從婆婆手中獲得許多素菜食譜，正好能把來客當白老鼠測試，做了香料檸檬飯和燉南瓜，終究沒有力氣備上整桌，其餘菜色讓先生去餐廳拎回，順便購置節慶必備的點心，擺出來便是豐盛的樣子。

前天下午事先採買，在街市的花攤揀一把大理

花、兩種菊花，又添購水果和食材，不時與幾個印度人錯身，平常鮮少在街市看到他們，此時出沒多半是爲排燈節買鮮花，在一群或許想著「咦爲何突然那麼多印度人出現在這裡」的市場攤販中，讀懂這些人的行蹤，有一種辨認祕密特務的小小成就感。

抓了鮮花素果回家，給象神小小的神壇妝點，排燈節當早，交功課似地拍給公婆看，婆婆先是評比甲上，再拿紅筆圈出缺漏，說：「還要放點甜食喔！」我說是是，就等先生下班後去買。甜食在印度教徒的生活裡舉足輕重，所有慶賀場合或是禮拜神明，都不能少了甜食，某些神祇甚至還有偏愛的甜食。

夜晚把飯菜備妥，待友陸續抵達，其中一人迷路到隔壁大樓，跑去按了同一層樓、同一間公寓號碼的電鈴，竟是一戶印度家庭來應門，據說他們當時正忙著點油燈，導致友人還誤以爲先生是跟自己的親友同住。要有多巧合，才會這樣誤闖也在慶祝排燈節的人家。

眾人洗手、完成禱告，坐定開飯，給先生驗收檸檬飯和南瓜有沒有做對，他說南瓜挺不錯，但是檸檬飯的米煮得太硬，原來我得意洋洋米飯控制得粒粒分明又鬆爽，吃在先生嘴裡卻不是媽媽的味道，我在心裡暗暗抱怨，又不是老人，牙口這麼不好；不過做婆婆的菜，就是要給他家鄉味嘛，下次記得了。

許久沒有在家宴客，已經有些淡忘這種招待朋友的滿足感，彼時將要搬家，當晚因此成爲我們在那間屋子裡的最後一場宴席。又想，當時正經歷低潮，或許是潛意識

裡對於兩人齊心打造的第一個家感到不捨？

雖然老是抱怨它很小，害我身上常常撞出瘀青，但是能在香港靠自己的力量創造理想的住屋，畢竟不容易，三年來我從奈米大的廚房裡端出無數菜色，讓它們在以深色牆爲布景的餐桌舞台上亮相，如今回看都想不透是哪來的動力，讓我不厭其煩地搬演各式各樣的餐食劇目。

想想是屋子帶給我能量吧，最後一次在那裡聚會，是象徵新年的節日，好像是屋子對我們未來的祝福。

火

牡蠣金瓜豆腐鍋

搬家進入倒數一週，持續清冰箱。

這天數算冷凍庫裡的廣島牡蠣剩下六隻，決定一次梭哈，澎湃又省心。冷藏室裡的食材挖出來，栗子南瓜半顆，燒豆腐一盒，鴻喜菇一把，湊起來似乎可行，涼天吃熱氣蒸騰的煮物，是天崩地裂也不變的道理。

於是將菇、南瓜炒香，加些日式高湯煨軟，可惜我當下心急想吃，沒等南瓜煮得糜爛，否則湯色、味道都會更美。豆腐後來也入鍋吸附時蔬湯汁，最終讓泡過鹽水的牡蠣燜一會兒，開蓋時仍膨膨的，海味在湯裡。

牡蠣金瓜豆腐鍋（一人份）

◎食材

冷凍牡蠣——五至六隻（或更多，看你心情）
高湯——四百毫升（清水也可以）
栗子南瓜——半顆
豆腐——一盒
菇類——一把
蔥花——適量

◎步驟

① 牡蠣在鹽水中解凍。

② 鍋中熱油炒香菇類，接著加入切塊的南瓜拌炒。

③ 倒入高湯淹過南瓜（不足則以開水補），燒滾即調成小火煨三十分鐘或更久直到想要的南瓜熟度，期間可適量補水。

④ 豆腐切塊入鍋煮十分鐘，放進牡蠣煮三十秒後蓋鍋熄火燜一會兒。嚐嚐味道看是否需要落鹽，撒蔥花便可上桌。

我 婆婆的食譜：香料煨雞蛋

回印度待上三週，心裡早已盤算要把婆婆的印度家常菜食譜一道一道收集起來，嘉惠世人。

香料煨雞蛋（Masala Eggs）就是一道非常簡單、料理初學者都能掌握的療癒菜餚，基本的食材取得不難，也有讓風味更升級的元素，可以依照自己的狀況隨意調整，印度菜很寬容的。

婆婆說，她以前常做這道蛋料理當作先生和姊姊的午餐便當菜色，「熱騰騰地做好給他們送去學校。」從幼時求學到兩人都已屆中年，仍然吃不膩這樣的味道。

香料煨雞蛋（兩人份）

◎食材

水煮蛋——四個
中型洋蔥——一個
中型番茄——兩個
大蒜——四、五瓣
辣椒粉——依口味適量
薑黃粉——一小撮
鹽——適量
Garam Masala ——適量（可省略）
新鮮咖哩葉——四、五葉（可省略）
香菜——裝飾調味（可省略）

◎步驟

① 洋蔥、番茄切碎，大蒜壓碎（如想要口感更好，可壓成泥）。

②熱油爆香咖哩葉（稍微撕碎，精油香氣更突出），將洋蔥炒至金黃色，加入大蒜炒香，再放入番茄炒成糊狀。

③加入辣椒粉、薑黃粉和鹽拌炒均勻，接著倒入約兩百五十毫升白開水，以中火保持小滾，直至油脂開始往鍋緣聚集。

④放入少許 Garam Masala 以及切了幾刀以便入味的水煮蛋，蓋鍋煮四至八分鐘（依自己偏好的醬汁稠度調整），想要醬汁濃稠些，最後幾分鐘可開蓋烹煮。

⑤上菜前能以香菜裝飾調味，但如果要留剩菜復熱，最好取要吃的份量放香菜即可，以免香菜加熱後變黑。

※另一種作法是，可直接在煮滾的醬汁中打入一顆生蛋，蓋鍋悶煮四至八分鐘成自己想要的熟度，也很美味。

上述食材中，Garam Masala 是做印度菜很重要的綜合香料，通常印度食品材料行一定會賣，懶得走一趟就省略無妨。新鮮咖哩葉則是印度人家裡會栽植的香草，無可取代，弄不到也就算了。至於香菜，是我在問婆婆食譜時，公公在一旁插嘴說：「最後放點香菜很不錯哦！」我心想也合理，而且還有美化效果。

強烈推薦熱愛蛋料理的人一定要試試看，大部分印度家常菜作法都非常繁複，這道菜真是少見的步驟簡單又讓人很有成就感，配米飯或餅，皆相當合適。

我 婆婆的食譜：香料燉南瓜

除了 Rasam 這種南印人幾乎天天吃的酸辣蔬菜湯，在我們抵達印度後幾日內，婆婆每天都有不同的新菜色出爐，雄心壯志要學印度家常菜的我簡直疲於記錄，度假變田調，完全是自找的甜蜜負荷。

多數菜餚看似組成重複、技巧也不難，但細問就發現工序繁瑣，過往我幾度在廚房裡重現婆婆的菜色都做到崩潰，這回記下相對簡單的食譜，以免未來的自己打退堂鼓。

這道香料燉南瓜是婆婆自家的祖傳食譜，說是她媽媽和祖母傳下來的家常菜，家裡若有幼童，想讓他們嘗試印度料理，是滿適合的入門。

香料燉南瓜（兩至三人份）

◎食材

中型南瓜——一個
中型洋蔥——一個
大蒜——四瓣
乾辣椒——四支
咖哩葉——五、六片（可省略）
芥末子——四分之一茶匙
孜然——四分之一茶匙
葫蘆巴——一小撮（少於四分之一茶匙）
薑黃粉——一小撮

◎步驟

① 南瓜切小塊，大蒜壓碎，乾辣椒撕開。

② 熱油爆香葫蘆巴、芥末子和孜然，接著放入洋蔥、大蒜、乾辣椒和咖哩葉炒香，直到洋蔥金黃上色。

③放入南瓜，並加一小撮薑黃粉、適量鹽，翻炒五、六分鐘直至均勻，倒入約一百五十毫升的開水，視南瓜份量調整水量，不要淹過南瓜。

④蓋鍋小火慢煮，如果水乾了可適時增添，煮到南瓜綿軟但仍保持形狀，約二十分鐘。

這道素菜使用一些比較進階的香料，請自行斟酌。

首先是葫蘆巴（Fenugreek），是芸香的種子，也算是印度菜很常用到的香料，但如果不是印度人，應該完全不知道怎麼用這種香料。我問婆婆這可以省略嗎？她說最好不要，因爲葫蘆巴微苦，能平衡南瓜的甜味；也因爲帶苦味，別放太多。

芥末子即芥菜種子，品種很多，用於印度菜的通常是黑色的芥末子，帶有辛氣，我很推薦買一包放在家裡。

孜然（Jeera），又稱小茴香（Cumin Seeds），不難取得，請要做印度菜的人都備著。

再來是關於食材，逗留幾日，我發現印度當地的蔬菜體質本身不是太好，風味不如台灣栽種的優美，或許因爲這樣，他們很習慣用各種香料來爲蔬菜調味。

像婆婆用的南瓜，我覺得味道很淡，不如預期；設想如果用台灣或日本的南瓜做這道菜，應該美味倍增。此外他們習慣任何蔬菜皆去皮食用（連小黃瓜都會削皮），若用台日的南瓜來煮，我建議保留外皮，但可能要拉長烹調時間。

物

理想的餐桌

出生在秋天，似乎意味著我很需要變動，持續吃同樣的食物會厭倦，重複例行的工作會疲乏，喜歡海多過於山，要說特質理性嗎？但有時情緒也像突地刮起的秋風，冷暖讓人措手不及。

然而身爲固定星座的天蠍，又很容易安於現狀，明明知道起身出門散步，會讓心情視野更開闊，卻往往很難把自己從沙發上拔出來，看到先生老是翻箱倒櫃地找重要物品或文件，都感覺很不耐，因爲我的東西只會出沒在特定幾個位置。習慣的做法、程序，總是不太願意改動。

如此矛盾地活到這個年紀，要說變老有什麼值得欣喜，大概是越加知道怎麼描述自己。

回看近幾年在生日當天寫下的，追求的都是同一件事，盼望一個理想的住所。可是心目中的「理想」卻一直在變。數年前遷入那間屋子，把牆壁刷成喜歡的顏色，覺得眞是理想。住一年後，添個新櫃子，餐具杯盤都有去處，很理想。最後一年開始不耐了，房子好小，東西好多，可是看一輪屋回來，仍感覺那個家最接近理想。

在那間屋子裡住了三年，總算有機會遠離，這才意識到，我們眞是牢籠之鳥，不覺天空開闊，過往合用的理想，終究成爲勉強。

於是有了新家，在當下動機最強烈的時候。順利簽訂合約，但未能立卽遷入，只好在腦中模擬家具物品的陳設，快把我逼瘋，因爲無法實地勘查、測量，我更是不能遏止地日思夜想，這是爲什麼我需要固定下來，生活要有穩定的秩序，空間要有實際的度量衡，變動的心沒有被拴住，就會變成躁動。

後來專注想像的，是一張理想的餐桌，線條圓潤的橢圓長桌，含有精密設計的蝴蝶板讓桌子可長可短更好。餐桌是我的辦公桌、打字桌，公事在上頭完成，文章在那裡生出來。餐桌當然也是我們的餐桌，我在這裡經歷一人獨食，兩人共享，多人聚會，雖然它常常委屈地被我當成置放雜物的地方，但那三年來我亦以無數的菜餚讓它發光發熱，應該算是沒有虧待它。於是想著要用一張更大、更美好的餐桌取代它，儘管有些歉疚，但一如那間屋子也是從理想變成了勉強，該捨棄的時候我不會遲疑。

所以或許這麼說，我不需要每天大起大落、驚天地泣鬼神的那種變動，需要的僅是一張餐桌穩穩地放在舒服的居所，可以任意調整它的功能，讓它承載我的工作、思考和料理（有時還有雜物），只要日常中有這些固定出現的小小變動，我就能安居在一個地方很久很久。

那陣子和朋友 A 聊到，我是一個沒有夢想的人，而且已經樂意接受這個陳述一陣子。她說，人當然不需要夢想，但生活還是由各種大大小小的目標串聯而成，可能大至攀升到某個職位，小至期待終能休息的週末，社會規訓每個人要有重大目標是很不合理，但沒有那些小小的目標，我們不可能活得下去。

她說的沒錯。我的人生看似隨波逐流，毫無方向，據說很多職場面試很愛問人「你預見自己十年後會在哪裡」，我想我會很驕傲地說：我不知道，也不想知道。但有些事情仍是確定的，沒有夢想的人生就是摸著這條由各種小確定串接的繩索在黑暗中前進。

我想要一個理想的家，被自己喜愛的物品環繞，我深知現代提倡的減法生活並不適合我，我接受自己就是物欲很重的人，我想擁有這些令我怦然心動的物件直到感覺足夠的那天。

我想要一直煮飯，雖然有時候會倦怠，但煮飯是我最接近創造的事，我在社群頁面的個人簡介寫下「胸無大志，只想煮飯」，不是故作瀟灑的竹林嬸嬸，而是眞的毫無遠大澎湃的志向，倒是想不斷從廚房裡端出自己做的食物。

然後我想要一張橢圓形的餐桌，可以的話。

後記——總算在搬家前找到一張負擔得起的橢圓形餐桌，隱藏式的蝴蝶板設計，讓餐桌能伸縮成不同面積，專心許願的話，家具網站會透過演算法找到你。

我 美好的暫時

那年深秋的某個夜晚，在舊家把鑰匙交還房東，正式成爲一間美好屋子的前房客。三年的時間，說長不長，說短，終究是一段日子，而且這裡對我們意義重大，是兩個人在一起以來第一個方方面面親自打理的家。

最捨不得的，當然是那面海藻綠牆。入住前，我們徵得房東同意，清除原本恐怖的壁紙，自己挑色重新粉刷。三年來，每當對房子有怨懟——空間好小，視野不佳，噪音太多——看看那面牆，就覺得，好啦，房子和我們都很努力了。

唯一掛在牆上的裝飾是那座純白時鐘，剛搬進來幾天，先生在網上弄到 IKEA 和 Off-White 設計師聯名的時鐘，搭配我們的牆挺好。說它是裝飾，自然是因爲實用性不大，沒有刻度的鐘面，很難讀懂確切時間（後來指針似乎偏移了我們也懶得調整），我通常只有在上瑜伽課感覺快暈厥的時候才會猛盯著它。

鐘面沒有刻度，倒是橫著以引號圈起的英文大寫單字"TEMPORARY"，對我來說是很受用的提醒。的確，在時間的維度之下，沒有永恆，只有暫時，關係、財富、自由、生命，我們既是時間的主宰，也是困獸。我其實不太喜歡「把握時間」這個說法，若是不小心說了，多半想表達的是「把握時機」，把握時機吃一碗清湯腩，把握時機買一塊餅，無論做什麼事都不會是虛度，也就不需要把握時間，即便耍廢、軟爛，讓時間靜靜流逝，也是一種體驗，在時間之中體驗一切，遠比規劃一張密集充實的行程表來得重要。

我想我們確實在那間屋子裡度過一段理想的時光，三年的暫時，多數時候都是平靜喜悅的生活，雖然日子過得如何，還是回歸到相伴的兩人，但我們都相信房子眞的帶來很好的能量與祝福，包含引導我們找到新的住處。

空間有靈，我們也因此覺得房子會鬧脾氣。在簽訂新家合約那天，大樓的馬桶沖水系統連續故障兩日，是三年來頭一遭；正式搬家前夕，熱水器的開關壞掉。儘管物件用久了總是會秀逗，但這時機點讓人忍不住好笑，房子是不是在生氣我們要離開？

交還鑰匙的前一晚，我和先生終於把房子清空，面著四角皆露出的海藻綠牆，突然地傷感，這是房子最後給我們的情緒。只見先生手握身前，低頭閉眼，他一貫感念宇宙萬物恩賜的儀式，

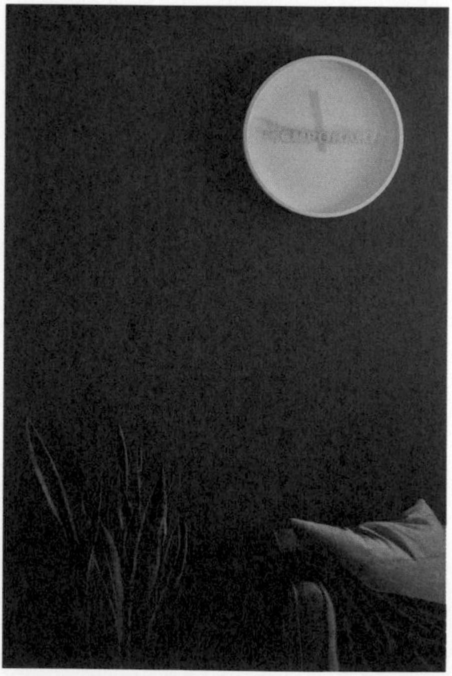

如今則是對房子說「謝謝」。

三年的家，美好的暫時，謝謝。

緩冬

物

紅磡滿堂樂粢飯與鹹豆漿

非常喜歡冷到微微頭痛的天氣，想到氣象新聞預報這樣的低溫將持續一週，好快樂。最主要的原因也是，天冷，似乎自由進食便沒那麼罪惡，幻想冷空氣都在幫你消耗熱量。某天醒來，忽然渴望一份中式早餐，連床也不賴了，咚咚跑去家附近的上海麵店滿堂樂包一球粢飯和一碗鹹豆漿。

滿堂樂在紅磡開業二十五年，以一間小麵店來說也算年長了，突然熱門起來是因爲那陣子首次入選《米其林指南》必比登推介。粢飯、麵點等皆標榜即叫即做，食物才是最美味的狀態。特別是粢飯，看媒體採訪老闆，的確從糯米、榨菜、肉鬆到油條全是用料講究。

店面乾淨明亮，只是侷促了些。點完餐，阿姨俐落地包起粢飯來，又轉身進廚房料理鹹豆漿。旁邊角落則是另一個阿姨快手現包餃子，看起來也好吃。

粢飯就是飯糰嘛，現包的優點是油條依然脆口、肉鬆仍舊乾爽，但對小本經營的店家來說，畢竟是多一事，據說這樣即叫即做的粢飯在香港已少見（不知道是眞是假，畢竟沒鑽研過香港各地的飯糰）。而滿堂樂的粢飯眞是大到吃不完，所有餡料清空，還剩下半坨飯。

鹹豆漿被拎回家後，油條難免泡得過軟，但依然很療癒，淋一匙辣油，更是寒氣盡散，很久沒喝鹹豆漿的我，實在被這碗爛糊糊的東西撫慰了，而且很驚喜的是他們家的鹹豆漿有放蝦米，眞是神來一筆。

拍了這份早餐組合的照片給台北的朋友看，獲得一句：「好台！」的確我一早的欲望是出於家鄉味的召喚，但其實像鹹豆漿，是來自中國江浙地區，這些大江南北的飲食在戰後移植台灣，經年融合成所謂的台味，我們早已習慣不追究它們的來處，以爲那是小島原生的味道。

倒是在香港，這些菜系的來歷多半分得清清楚楚，我也才意識到，很多時候我饞的台味，都不是源自台灣。

火

拿坡里義大利麵

一週內看了兩次很紅的日劇《初戀》，如同大部分的觀衆，我也無法按捺煮盤拿坡里義大利麵的心，甚至差點想訂購那塊燒得熱熱的鐵板（但有冷靜下來）。而且那時是第一次在新家做晚餐，習慣還沒建立，用義大利麵熱身想來合理。

趁中午把食材備齊，在日本超市裡添購和風洋食的材料眞有種家庭主婦的錯覺，籃子裡放著青椒、本菇、德腸和番茄醬，不曉得店員會不會看出來我在跟風？同時想著光有拿坡里義大利麵似乎些微寒酸，女主角也英向男主角晴道說她要簡單煮，結果最後除了麵，還是有其他小菜，根本豐盛得不得了。於是順手在超市裡抓一盒牛肉可樂餅和高麗菜沙拉，回家扔烤箱加熱、醬汁拌一拌就能上桌，用超市的現成品加菜也很日本嘛。

先生看到那兩塊可樂餅，問說：

「這你做的？！」

「當然不是呀，超市買的。」

「這樣不是作弊嗎？」

哎呀，僞家庭主婦要上班，還要做菜，一天打兩份工，本來就該懂得作弊的方法！

拿坡里義大利麵的作法是參考料理家高橋良子為劇集設計的食譜，再調整成自己想要的版本，分享給可能偶爾會嘴饞的你。

拿坡里義大利麵（兩至三人份）

◎食材

Bucatini 吸管麵——一百六十克
德腸——三根
洋蔥——半個
大蒜——兩瓣
青椒（小顆）——兩個
本菇（鴻禧菇）——一包
橄欖油——一大匙
義麵番茄醬汁——約三百克
番茄醬——隨意
現磨黑胡椒——適量

帕瑪森起司粉——盡情

洋香菜粉——隨意

◎步驟

①燒一鍋足量的水，水滾後落兩大匙鹽，放入義大利麵。

②洋蔥切絲，大蒜切末，青椒切成環狀，剝開本菇，德腸斜切。

③平底鍋燒熱橄欖油，爆香蒜末，將洋蔥、本菇炒軟，再放入德腸、青椒拌炒，最後倒入番茄醬汁與番茄醬。

④煮熟的麵入鍋與醬汁、食材拌勻，可視醬料稠度添補番茄醬和煮麵水，稍微收乾即可起鍋。裝盤後撒上起司粉和洋香菜粉。背景放《初戀》的原聲帶。

吃拿坡里義大利麵搭配 TABASCO 辣醬更有層次，但一般的 TABASCO 我覺得辣度不足，所以買來據說辣上十倍的 TABASCO Scorpion Pepper Sauce，果真落了幾滴就全身發熱，沒想到吃義大利麵也有驅寒的功效。

作弊用的可樂餅果然搏得先生歡心，珍惜地擱在盤緣小口吃，飯後還看他久違地打了電動，簡直是家庭主婦幫小學生做晚餐，這天的設定很充足。

物

聖誕餐桌布置

那日天氣陰冷，下午不過兩、三點已經天色黯淡，我把白色的桌布攤開，請先生幫忙把一些褶痕燙平，我同時在旁邊手綁乾燥花束。

後來他出門張羅蛋糕和禮物，我獨自取出杯盤和餐具，在白淨的桌面上造景。距離客人抵達還有五、六個鐘頭，我有充分的時間享受這段平靜的時光。

我不買成套的盤器，所以家裡很少有兩個相同的盤子，但這不妨礙打造風格一致的餐桌布置，有五個人要吃飯，盡量湊足尺寸、色系相近的餐盤就行了。

這次除了有亮眼的花瓣型高腳杯，也用上從「私處 my place」（註）購買的捲筒型棉質餐巾，可以清洗後重複使用非常方便，百搭的灰調也有助於統合長得不一樣的餐盤餐具。

註——「私處 my place」是一家三口經營的食物與選物平台，女主人 Grace 經常在 Instagram 上分享他們的餐桌日常。

本來綁了五小串花束，後來覺得全部都放，視覺感受太滿，最後僅錯落三束在餐盤上，適當地留白更理想。

先生提著大包小包回到家，吃驚地看著有時候堆滿雜物的桌面，說：「你又把我們家餐桌提升到新的境界了啊。」其實這些概念都是平常從社群媒體上收集而來，也不是我原創，只是很高興終於有機會可以實踐它。

火

鼠尾草香草油帕瑪火腿烤馬鈴薯

那年聖誕假期節目安排得不多，每天都是睡到自然醒再慢慢開始一天行程的步調，一桌晚餐也是抱持著「如果待會去超市有買到牛柳就來做烤牛肉」的隨興完成，結果肉櫃裡還眞的有一塊，不然本來想燉一鍋日式咖哩也好。

或許老天在上頭看著我隨意到沒救，揮揮手變出佳節奇蹟——聖誕節吃什麼咖哩，給我烤牛肉！

嗯，那就烤吧，不過這樣臨時起意的烤牛肉就必須採用日本煮婦芝芝（註）的日式作法，八百多公克的牛柳綁繩固定，鹽與胡椒醃一會兒，外表煎出焦色後，在滷水中泡四十分鐘達五分熟，切開時粉粉嫩嫩的很迷人，配英式芥末和醬汁吃。

配菜則是朋友分享的食譜，鼠尾草香草油烤馬鈴薯，既然主角烤牛肉的烹調過程根本沒用到烤箱，那送些澱粉進去，讓它在高溫與油脂的催化下變成邪惡的反派，烤製尾聲我撕幾片帕瑪火腿進烤盤增添風味與口感，烤得焦脆的火腿、大蒜和香草相依著薯仔，說它是反派，因爲美味與療癒的程度恐怕能擊敗牛肉。

有肉、有澱粉，再拌一盆沙拉，開瓶香檳，就圓滿了。

過節做大菜，約好友一塊享用，她帶上同床共枕的貓咪作客，我們吃飯喝酒，貓咪四處走逛

註——住在日本的煮婦芝芝 @zi_zih 是我在 Instagram 上認識的網友，常看她分享簡單的日式家常菜食譜，看久了就會起心動念想要試試看。

偏愛挑些物品擺飾多的地段探索，好像貓都要如此挑戰自己腳步夠不夠輕巧，看似圓滾滾的他果然步伐靈活，倒是我還粗心踢翻他喝水的碗。

一年就這樣過去，對來年也沒什麼特殊期盼，只願我們的尋常日子裡有更多這般好好吃飯的時刻。

我 移居大吉

回顧過去幾年的歷程，很多事件發生在年度下半，旅行，搬家，各種勞心勞力的事項接踵而至，但也因爲這樣，每每翻越十二月三十一日這天，都感覺特別充實，畢竟變動的體感還很新鮮。

跨年夜前幾天，我們臨時決定換掉沙發。考量到家裡座椅不夠，又將招待一票朋友，把沙發從兩人座換成三人座，雖然差別不大，總是少讓一個人坐地板。結果好幾個來客臨時中了當年的新冠病毒，派對人數減半，大家更是舒舒服服地窩著。

無論是換房或換家具，我和先生往往被時運影響著，對了的事物通常得來不拖泥帶水。

在那之前坐了三年的粉色沙發，是我們踏入家具店一眼相中的，用先生

的話講是「它在呼喚我呢」（It speaks to me），儘管仍爲求保險而去北歐連鎖家飾店逛一圈，但兩人很快達成共識，「就它了啦。」如今的深藍色新沙發，早在決定搬家時便看上，然而當時評估不著急換沙發，有其他更要緊的家具得添購，沒想到延宕至年底，這款沙發折扣更多，店員還努力幫我們擠進歲末的遞送名單，下訂後三天便安置完成。

新家也是這般仰賴機運地爲我們敞開大門——

時隔三年自印度返港的衝擊，讓我和先生一週內幾乎天天下班後都去看房，週末也是有空就看。我們深知，對房仲開出的預算和空間條件，以紅磡這個區域而言，可說是很難達成，一度決定咬牙提高預算，或是降低對空間的期待。

的確在範圍拓寬後，我們遭遇二選一的難題。

其中一房，空間寬敞且陳設富有設計感，客廳窗景正對蓊鬱的公園，廚房甚至裝有洗碗機，但是租金比我們設定的高出許多。另一間屋子，小一些，不過主臥室仍足以讓我們放置女王雙人床，視野對著社區中庭不盡完美但也不差，房租亦是我們能輕鬆負擔的數字，卻有一事令人爲難——同一樓層、幾乎是正對門的住家，半年前才發生過凶殺案，據說是父親生意失敗，便殺害全家人再自殺，雖然兩個小孩被救活，但夫妻倆是在那兒走的。

兩間房子各有優缺，不管選哪一間，心裡都有些過不去的勉強。選大房，或許住得開心，但是把半數薪資花在房租上意味著犧牲其他生活娛樂，恐怕也沒有存款可言；選小房，經濟壓力沒那麼沉，可是一出門卽見凶宅，而且我畢竟長時間在家工作，很難不受鄰近的負能量影響。

最好的辦法當然是雙手一攤，說「兩個我都不要」，然彼時我們已歷經一週的看房地獄，免不了想著，萬一這些就是我們所能獲得的最好選擇呢？

強烈焦慮之下，我投向神明懷抱，上東港鎮海宮七王爺的網站抽籤，分別想著兩間屋子各抽一支，果然七王爺都說「先不要」。好啦，既然王爺開示，那我也不眷戀，安心放下。可是焦慮仍在，焦慮我們究竟能不能在近期覓得好房，否則無止盡的追尋著實折騰。

抱著這個念頭，再向七王爺求一支籤。籤詩直白得令人發笑，毫無閃躲。

⊕第八籤　乙卯　屬水利冬　宜其北方⊕

禾稻看看結成完，此事必定兩相全，
回到家中寬心坐，妻兒鼓舞樂團圓。

典故【薛仁貴回家】【朱并回家】

甚至不必閱讀籤詩下方的詳解，就掃去大片陰霾，但還是看一下，啊，移居大吉，而且此事會有貴人相助。

一方面感覺安心不少，另一方面彷彿被神明提醒：你是投射者啊（註），主動追求本來就會得不到又苦澀，散播「想要什麼」的訊號後，便該靜靜等待「對的邀請」上門！

註——根據人類圖（Human Design）的系統，世界人口共分為四大類型，按照比例多寡依序為生產者、投射者、顯示者與反映者。簡述投射者的特質，在團體中適合扮演組織、管理的角色，讓日常運轉較順利的人生策略是「等待被邀請」，若沒有獲得對的邀請而主動發起事項，容易獲得苦澀的挫敗感。

儘管不知道神明所指的貴人何時才會出現，但當晚一轉念後，安心地睡了。隔天下午，接到我們一向信賴的房仲來電，「我又找到兩間房，格局一樣，租金都超出一點，但都可以談。」由於租金超出預算，所以我們不抱什麼希望地去看；出乎意料地，兩間都很理想，實用面積同爲我們最想要的六百平方英呎，而且皆有望降價。

憑直覺選出其中一間屋子，請房仲幫我們商談租金降價，並延遲起租的日期，好讓我們有足夠時間通知舊房東即將退租。再隔一晚，房仲來訊，租金降至我們找房之初設定的目標，租約起始於一個半月後，通知舊房東綽綽有餘，完全免除支付兩份房租的窘境，還有十天的免租期。

所有願望一次滿足，甚至加碼我心念許久的木地板！

仔細回想，從開始找房到最終談定，才經過一個多星期，可說是效率非常。上回透過這位房仲找到舊屋，也是如此順利，因此更讓我們深信時運多麼關鍵，若過程中有諸多不順，那便無需強求；反之，是你的，往往能輕易水到渠成。

在這短短一週的煎熬中，之所以能抱持強大的執念，除了有七王爺的

安撫，另外不斷想著一年前請朋友幫忙看紫微斗數命盤的流年。前年末我們已經想著要換房，正因時運不濟，最後決定放棄，當時看盤的朋友就說，隔年機會較大。

要說我迷信嗎？但我面對命運的占卜，向來是相信好事確實會發生，而壞事，我應該都能逢凶化吉吧？這般有點天眞的迷信自助餐。

選定想要的屋子，也談妥條件後，我就沒再抽籤問七王爺了。神明爲我和先生指引方向，最終仍必須信仰內在的神，判讀直覺的指南針，把自己交付給自己決定的命運。

火

蟹腳蛋包雞絲麵

遷入新家兩個禮拜，第一週是每天在工作之餘不眠不休地開箱整理，第二週慢慢完善細節，來到第三週時，尚有家具未抵達，天花板的燈具也還沒買，但總算是早上醒來內心會讚嘆「哇，我們住在這裡呀」的房子。

若要有安頓下來的感覺，恐怕還是必須在廚房裡煮點什麼。那天氣候忽然轉爲溼冷，腦中浮現一碗熱煙蒸騰的雞絲麵，恰好前幾天買了春菊備在冰箱，雞絲麵裡的青菜就是要茼蒿才對味。燒水滾日式高湯，開一包滴雞精添香，在水泡嗶啵的熱湯中打一顆蛋包，下蔬菜、下麵條，從冷凍庫裡挖幾支已經煮熟的蟹腳，湯滾燜會兒就能起鍋，蟹腳紅通與春菊碧綠對照好看，最後在麵碗裡撒點白胡椒粉，我喜歡乾淨的湯頭有些辛氣。

那陣子雖然沒開伙，頂多煮個奶茶，但每天總會進廚房東摸西摸，設法習慣這個格局配置全新的煮食空間，然而心裡演練再多次，都比不上真正從生鮮食材開始處置到熄火裝盤，這天的新家第一煮，即便只是簡單的湯麵，仍覺得與廚房默契不足，做菜的流程要重新建立。

不過，終於吃到自己煮的食物，豐盛的雞絲麵，配上冰涼的石榴汁，裝在買了很久卻因爲舊家太小無從擺放而遲遲沒拿出來用的高腳杯。這確實是想要的家的樣子。

我辦派對的我們

總算補辦延宕許久的 Housewarming，相比舊家邀集五、六人就感覺勉強，新家總算能裝下雙倍的人數，廚房裡還能讓兩三人悠哉做工聊天。

巴西友人說要帶電烤爐來開張他的招牌南美烤肉，簡直是派對主人的夢幻賓客兼專屬到會大廚，我只需準備簡單的食物陪襯，於是做一鍋婆婆的香料檸檬飯，拼一盤冷肉起司，切一組蔬菜棒配蘸醬，薯片和多力多滋倒出來，酒水備齊，派對就能開始啦。

畢竟不是第一次在家宴客，和先生已經培養絕佳的默契，我張羅餐點，他負責清掃，雖然有時我仍必須擔綱總召的角色，監督他的進度，血液裡留著印度民族的過度樂觀以及欠缺精確的時間感，常常自我感覺良好地拖到最後一秒才完成，但經過幾次較準，似乎家事小精靈的發條是有上緊些了。

不得不說先生是很理想的隊友，我的腦子裡待辦事項太多，總有遺漏之處。例如他提議，應該在浴室裡準備擦手紙，方便客人洗手完擦乾。

「不然每次家裡人一多，擦手巾很快溼掉，沒人敢用；我們自己去別人家的時候，也都不確定能不能用主人的擦手巾。」

「眞的耶！我每次去朋友家作客，洗完手都往身上擦。」

「我也是這樣啊。」邊說邊做了一個反手抹在後腰上的動作。

就是這種微不足道的小細節，讓我覺得，愛情的火力總有漸弱之時，生活習慣方方面面的合拍才是相處的長久之道。我深有同感卻沒想到的事，能被他提點眞好。

派對算是挺成功吧，席間有人播放周杰倫的金曲，掐指一算也是二十年前的歌了，除了幾個不識中文的，其餘都快樂地大聲合唱，幸好鄰居沒來抗議，唧唧哼哼忘詞也無所謂，集體記憶才是點燃氣氛的打火石。夜深賓客漸散，剩餘三五人圍成私密溫馨的談話，此時已進展到大家都喝威士忌，我醉得胡言亂語好開心，去馬桶前吐一吐回來吃碗麵醒酒，偶一爲之的放縱，心想一個好的派對就該這樣收尾。

隔天醒來看到狼藉的餐桌、亂炸的廚房，不免有些心累但也感到很平靜。終究是歡鬧過的證明，想起前夜大夥吃喝盡興，就覺得還能跟先生再辦好多場派對。而且睡飽後的家事小精靈也認分上工，清去水槽裡髒汙的杯盤，我則在一旁擦洗爐頭檯面，合作無間把家裡恢復原狀。

Housewarming，確實讓這間我們都很喜歡的屋子，又裝下暖呼呼的一夜。

席 Kyoto-Oden Masa

這是一間如果開在我家附近會被它養得肥滋滋的小店。

第一次去是被人領著，某晚和同事在中環的 Neighborhood 吃完一頓好滿足的晚飯，還留在餐廳裡喝酒聊天，準備下班的 David 主廚問：「要不要一起去吃 Oden？」

常看 David 出現在那間專賣京都風 Oden 的小店，老早想去吃，這下會煮又懂吃的廚師朋友問你們要不要一塊兒造訪他的宵夜場所，千載難逢的機會，即便當時已經飽到天靈蓋，還是要跟呀。

抵達時店裡沒顧客，看似在收拾，幸好最後還是收留我們。四杯 Highball 上桌，David 讓大廚 Masa 桑隨意出點餐給我們，竹輪、雞肉丸、蘿蔔、油豆腐和蒟蒻絲簡單幾品——要知道當時我和同事半個鐘頭前才在 Neighborhood 被 David 餵食到即將食物昏迷，仍被這些樸實的小菜驚艷，餓極的時候可能隨便吃什麼都滿意，飽腹的狀態仍被撼動，那是人間眞味。

David 說，Masa 桑是京都米其林三星懷石料理菊乃井出身。事後查查，David 實在輕描淡寫，主廚不僅來自名門，還在那裡修業十五年，落戶香港大可以開間高級料理亭，卻躲在銅鑼灣的樓廈裡精心對待他的 Oden，是無庸置疑的匠人精神。

下定決心改日要空腹來吃遍其餘品項，像這樣氣氛悠閒、食物細緻卻不讓人感覺拘謹的小店，通常最想和先生一起嘗試，但是一間主打 Oden 的食肆，菜單上八成的餐點皆由日式高湯調味，很怕自己吃得興高采烈，身旁那人卻給我頻頻皺眉，未免煞風景。於是某日約一女朋友去吃，果然兩人都快樂得不得了。

而當同爲飲食寫作的同業朋友來訪，不只要傾囊相授香港的愛店，還要綴路（tuè-lōo）去吃，難得有人陪我吃 Oden 啊，二話不說在週末晚上拋家棄夫出門。有兩位年輕力壯的男生陪同用餐，就是貪圖點菜能不計份量多來些菜色變化，林林總總含甜點共十四種餐食出現在桌上，三人不停驚訝於同樣的日式高湯基底會因爲襯托的食材主角不同而浸潤出無窮風味——煮過九条蔥的湯汁顯得清新恬淡；椰菜卷的湯頭則因豬絞肉脂肪和黑胡椒變得厚實油潤；走地雞肉卷的湯水也泛著油光，但被恰好的檸檬片帶往另一個境地。

Oden 源於關東地區，中文稱作關東煮，後來發現漢字也能寫作「御田」，或許稱呼御田較理想吧，畢竟日本各地的 Oden 有自己的特色，統稱關東煮總是有失精確。

京都的 Oden 相較起源地，採用淡口醬油也略帶甜味，由於少了醬油搶戲，更能在食材中嚐出柴魚昆布的作用；此外，很自然地會在餐碟中突顯京都的物產，各式各樣的京野菜如九条蔥、賀茂茄子、大根和蕪菁，還有京都傳統的豆製品湯葉，以及章魚也是京都 Oden 特有的食材。

做的並非精緻懷石料理，Masa 桑仍謹守旬味的法則，菜單時有變動，前次和女朋友吃到的蕪菁，這回已消失；鱈魚白子是秋冬到初春才有的海味，寫在小黑板上，應該不久便下架。

雖說作爲正餐，想吃到飽足也要每人四、五百港幣，但完全值得，這價位的餐廳在香港可說是地雷遍處，稍不謹慎就滿腹怨氣。更何況未必每次來都需這般雄心壯志，手握一杯酒飲，吃幾款冷熱小菜，就是身心舒暢的夜晚，Kyoto-Oden Masa 營業至深夜，療癒無數不睡的靈魂。

幸好不是開在家附近，應該會時時報到。

後記——Kyoto-Oden Masa 於二〇二三年秋天遷至原址附近的商業大廈，空間寬敞，裝修精美，食物仍療癒，但環境氣氛與用餐體驗不如原本的小店來得輕鬆自在，而是頗為正經地吃一頓飯。有意造訪的朋友，請自行衡量。

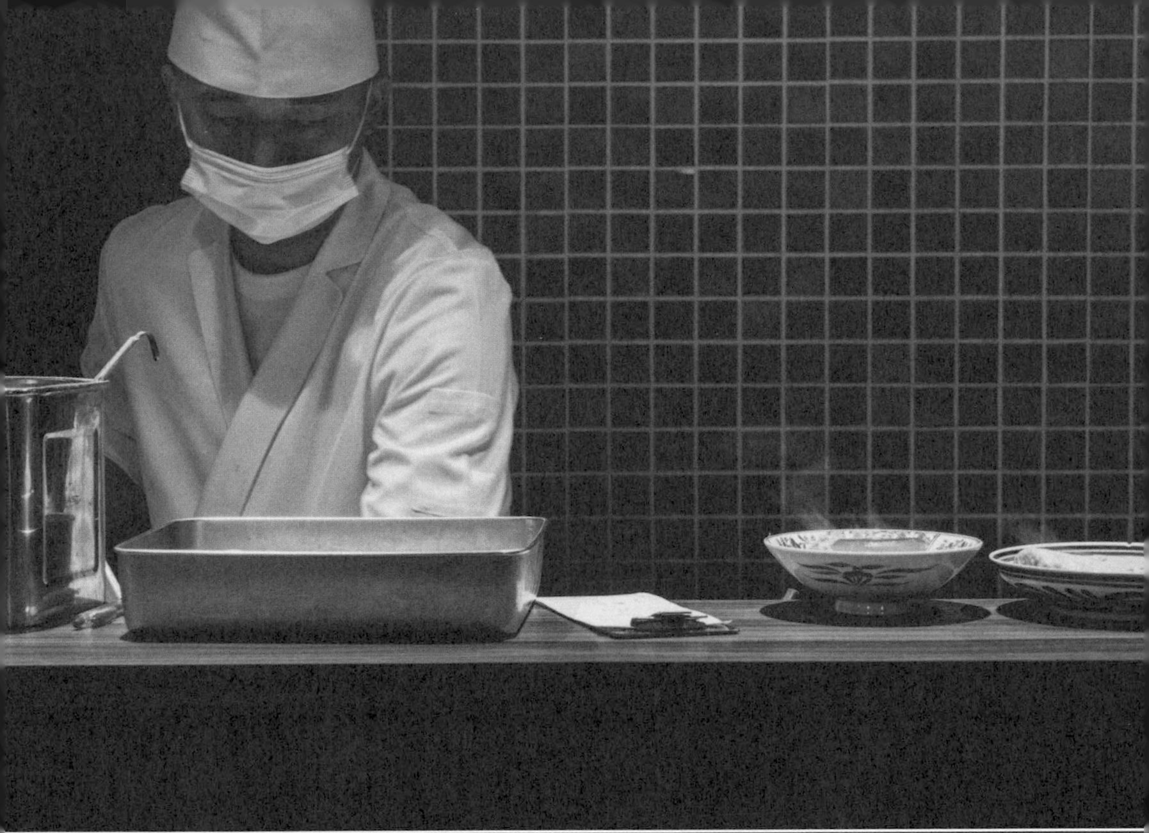

物

張榮記粉麵廠

一般來說，我喜歡乾麵勝過湯麵。偶有例外，像是鍋燒意麵或雞絲麵，自然得吃湯的，或是深夜沖一碗杯麵，油炸麵體泡在熱湯裡，顧不得燙口，趁著麵條未軟，吸簌開吃。無論湯麵或乾麵，麵條都必須保持韌性，大概是我唯一的堅持。

近來由於控制自己攝取的澱粉量，我少吃麵了；但如果要吃，心中渴望的總是一碗銜著醬料、蔥花錯落其間的乾拌麵。因此意識到，原來吃湯麵終究是爲了湯頭，若要專注於嚐麵，唯有乾麵能滿足人。

香港絕對是一座食用粉麵過剩的城市，每個街區都有鄰里慣常造訪的雲吞麵、車仔麵、魚蛋粉、牛河以及數不清的米線專家，密度堪比便利商店。有這樣的高需求，那麼粉麵廠在這張小小的地圖上，肯定也是插旗無數。

紅磡就有一家，創立於一九五七年的張榮記粉麵廠，位處觀音廟附近的蕪湖街上，早年只得在店鋪後方製造五、六種麵條，如今已是五千呎（註1）廠房的規模，品項近百種，每天供應的客戶超過三百家，其中不乏連鎖集團和星級酒店。

註1 ——呎（square feet）為香港慣用的面積單位，五千呎約為一百四十坪。

小店鋪經營六十多年成長爲餐飲業不可或缺的批發商，聽起來勵志，但我更喜歡那些爲了品牌存續而採取的細微原則。像是堅守紅磡的門店，從來不在超市上架，張榮記以乾燥的蝦子麵餅聞名，除此之外，亦有十多種口味的麵餅，絕對具有拚市占率的本錢，但他們不這麼做，近年才開始在網路上售賣，以此控管品質。又例如幾年前曾推出魚翅麵，頗受好評，但考量到環境和動物生態，仍主動斬去一條財路。

和一般店家只賣生麵不同，張榮記最經典的「金方蝦子麵」，豪華地用上大地魚乾和淡水河蝦調味；「吉品鮑魚麵」更是用料講究，取南非乾鮑煮熟後磨泥混入麵粉製成（註2）……這些氣味醇厚的海鮮麵餅，都是長年不敗的商品。老店不但延續老味道，也與新世代接軌，這幾年陸續研發符合健康飲食潮流的螺旋藻麵、牛肝菌麵和番茄麵。麵餅還另有精妙之處，畢竟是優質原料添味，所以在烹煮過程中，精華釋放，一鍋清水因而化成上湯，幾乎不用落鹽便滋味甘美。

註2——乾鮑經過晒製、陳放，味道和香氣遠比鮮鮑來得濃郁，價值也更高。

行過甲子的傳承，也有些動人的細節。不若許多老店都是家族成員接力，張榮記第二任經營者許義良，與創辦人張榮烈並非血親關係。張榮烈剛起家時，僅有製麵技術，許義良的父親則專做腸粉和河粉，固定

供貨給張榮記，代父送貨的許義良，總在麵廠興味濃厚地觀察製麵的過程，久了張榮烈決定教他做麵，又收他為義子。後來張榮烈退休移居加拿大，便將事業江山交給許義良，因此助他達成自己開業的夢想。許義良盡責保存義父的名號，甚至發揚光大，直到近年才讓自己的兒子許楚權接班。

老店的人情義理，從現代眼光來看，既是漂亮的品牌故事，也是「無良商人橫行」的年代中，令人感到安心的品質保證。

初始的蕪湖街門市離我較遠，所以通常去紅磡街市旁的差館里小店，門面狹仄，瑟縮在肉鋪和水果攤之間。店面雖小，但乾淨明亮，玻璃櫃裡的生麵白拋拋，顯得精神奕奕，每次經過，總要停下來「望麵止渴」（渴望的渴），想像自己抓一把蓬鬆的麵扔入滾水的那種快樂。

是啦，相較於店內馳名的蝦子麵以及各種五顏六色、裝束緊致的麵餅，我更著迷那些粗枝大葉、散漫蜷曲的生粉麵，除了門口玻璃櫃中每天都有新鮮的上海麵、福建麵、日式拉麵、餃子皮和雲吞皮，店內另有一櫃陳村粉、河粉和腸粉，看來嫩滑誘人。

有一間日日生產新鮮麵條的店家在附近，你當然只會貪戀那些滋潤保水的粉麵。那天又去張榮記，為友採購幾盒麵餅，看著門口的上海麵慵懶地躺在那兒，真是「忍無可忍」了，直接被挑起生理和心理的衝動，向坐在櫃檯裡收銀並負責夾麵的阿姨，要了一團上海細麵入袋，回家前途經菜檔，順手摘一把青蔥和香菜，我的夢幻乾麵不能缺少這些辛香。

抵家後立刻燒一大鍋水，東西方煮麵的道理皆然，水量必須充足，麵條才有空間在裡頭暢快悠游，脫去表層的澱粉，避免沾黏。燒水的同時，切蔥花和香菜末，預先在碗裡調製醬料，因爲生的細麵入滾水後很快就熟，兩分鐘內就能起鍋，爲了不要手忙腳亂或時間掌握失準，先把醬料調好才是聰明的煮婦之道。

對於醬料，我向來下手隨興，多半掌握幾個原則，鮮、酸、辣，至於比例，那就是看當下心情適時調整。這日特別想吃沙茶拌麵，便在碗裡倒一大坨沙茶，又取一小匙本地工作室出品的辣椒油，內含蝦米冬菇瑤柱，鮮氣十足。接著下入少許台灣 PEKOE 的陳釀米醋，淋些椎茸醬油、胡麻油，香菜末泡進去，全數拌勻後，味道嚐來平衡，便能準備迎接麵條。

麵條起鍋，以網篩將水分瀝乾，溼漉漉地落在碗裡可不行，煮麵水稀釋醬料是滔天大罪。理想情況是，趁熱把麵拌開，油脂細細包覆麵體防止結塊，不過我喜歡一碗乾麵繽紛有層次，看得見醬色也保留白線，因此差不多八成的麵有沾染醬料就好了。最後撒蔥花之前，想起冰箱裡有一瓶開封的山椒小魚乾，堆一小撮上去。

饞人別無所求，一碗乾麵的道理。

我 台北的雨，香港的雨

第一次這麼久沒回台灣，雖然相隔不過兩年半，期間也持續與親友保持聯絡，關注島上的大小事，空運來的食物吃得不少，以爲自己沒走多遠，落地後卻遲遲無法回神——我是誰？我在哪裡？我在幹嘛？

用盡各種方法，吃台灣的食物，和台灣的朋友聊天，在腦海中、在生活裡營造台灣的氣氛，想像自己仍屬於這裡，卻在身體實際換移後，明確地感覺到，於台灣而言，我也是一個外來者。

一下飛機，直奔台北，司機不熟台北的路，要我幫忙指引，我看著黑暗中發亮的Google地圖，心想：台北的路，我也不熟了。

司機送我和行李到酒吧，J在那裡等我，那是她慣性的週五夜去處。幾小時前我才傳訊給J說「要起飛嘍，待會兒見」，彼時都還沒有即將見面的實感，彷彿就是如常遠遠跟她說話。怎麼幾小時後我就眞的見到她了呢？

在酒吧喝了一杯，Ｊ和室友幫忙我把行李箱運回公寓，我倆再走路去汀州路的錢都涮涮鍋吃很晚的晚餐，那時早過午夜十二點。半夜在台北吃小火鍋，這麼尋常無聊的事，在我已經適應香港節奏的身體上，卻盡顯魔幻。

「感覺好奇怪啊。」走在古亭一帶狹窄的街區，我還是反應不過來。去便利商店提款時，甚至忘記自己的提款卡密碼，屢次嘗試，最後被鎖卡，震驚得呆滯地走去火鍋店。

熱湯下肚，享用梅花豬與高麗菜，配酸梅湯，飽足乾淨的一餐，結帳台幣三百五十元，大概要到這時候，「生活在台北原來是這樣啊」的現實才浮現。

在台北待兩個禮拜，行程滿得不合理，是一櫃物品溢出的抽屜，亂塞許多想見的人和想吃的食物。回來之前，Ｊ警告我：「建議你還是留點時間給自己，才不會疲乏。」我何嘗不知，之前體會過「白天上班、夜晚見友」長達一週的社交超載狀態，確實有些吃不消，但我很認真思索，已經努力刪減名單，好些在雲端認識的新朋友，恐怕暫時沒心力見面；如今清單上的這些人，都是生命中不同時期很重要的存在，無論如何都想把有限的精力留給他們。

照理說時間和距離該是有效的網篩，篩去不再需要維持的關係，但我篩完還是一大袋，不是炫耀自己朋友很多，而是我真的從這些關係中感到富足，他們讓我不論走得再遠都感覺台北是需要歸返的地方。

回去頭幾日，台北是罕見乾冷的好天氣，後來終究下起雨。

由於保持著一種過客的心情，我能稍微超脫地看待台北的雨，赫然發覺台北的雨很吵，罪魁禍首是各式各樣的遮雨棚，讓台北的雨發出「好像眞要下得沒完沒了」的惱人聲響；香港偶爾也有一、兩週都在落雨的氣象，但雨水總是悄悄擦過高樓大廈後被地面擊碎，於是想想香港的雨之所以較能讓人忍受是因爲它安靜。

發現這件無聊小事的我，默默地很開心，同時想著：這是爲什麼我很愛台北，但我不會再搬回來住的原因之一，我想要每次來都以新奇的目光注視，把可惡的事情看得可愛。然後我就聽著很吵的雨聲入睡。

某個晚上我還是因緣際會地留了時間給自己，本來要見的朋友臨時無法赴約，於是下班後總算不必趕場，散步去信義誠品買書，評估行李箱和家裡的書櫃空間抓出預定的書目堆到櫃檯上，戴著口罩的店員神似許瑋甯，建議我：「你要不要過午夜十二點以後再來結帳？你的會員資格在星期三有比較多折扣。」許瑋甯人美心善良，我又貪小便宜，果斷把一疊書都留給她，隔日再取。

幾年前仍生活在台北的時候，信義誠品還不是二十四小時營業的地位，如今也只是稍稍在對話中觸碰到這件事，下次回來它或許已經不在了(註)。

註——信義誠品已於二〇二三年底熄燈。

要說遺憾嗎？一直在改變的城市難免令人嘆息，但似乎也稱不上遺憾，我倒是挺珍惜某些事物只會留存一段時間，消逝讓那些曾經的身心感受顯得珍貴，事實是我們並不一定要仰賴什麼而活，人活著總是能一再找到新的重心，積蓄新的記憶。

農曆年前夕，先生來台灣與我會合，有他負責開車，讓我在過年期間首度從外婆家脫隊南下訪友，一夥人上員林百果山吃甕仔雞，極好的一桌民宅菜色，有全雞有山菜有澱粉，餵飽六個大人，埋單台幣一千五百元，根本是天方夜譚的物價。

直到下山去吃圓仔湯當點心，我們還在驚訝這件事，其中一友問：「這樣會不會想搬回來台灣住？」我很篤定地說：「不會。」

正是歷經兩週與台北戀愛，中間去一趟南方澳更是令人癡狂，讓我意識到唯有持續外來者的身分，才能每次抵達都對這個小島眼冒愛心。

我喜歡自己腦中的台北捷運節點圖變得模糊，而且長出許多新的、不認得的路線，慢慢找回轉乘邏輯的成就感。我喜歡在大雨中心血來潮請計程車司機停車，坐在騎樓間隨便吃一家不是總店或知名分店的霸味薑母鴨，只因它比任何我在香港能吃到的薑母鴨來得道地而感覺快樂。我喜歡週末驅車宜蘭，與友從早吃到隔早沒一處地雷，在海邊喝啤酒，在寧靜的漁村過夜，逛宜蘭特有的超市喜互惠，如此乏善可陳的旅遊行程也令我內心幸福洋溢。

喜歡台灣的平凡日常在我眼中閃閃發亮。

只有繼續與這座島保持熟悉又不熟的關係，遠遠地看著它，才不會把這一切視作理所當然。

我 阿嬤的滷肉

相隔一個月坐在這張桌子上吃飯，擺滿從台灣提回來的、家人朋友贈予的菜色和食材，幸福如果有畫面，應該是這樣。

阿嬤的滷肉，我從小吃，滷汁澆白米飯，向來覺得美味，但終究變得理所當然，只要回阿嬤家就吃得到，平時並不特別想念。

那天先生捧著碗，站在阿嬤家的餐桌旁，夾塊肉湊到嘴邊，不過是咬了一小口吧，驚呼出來——「哇喔，好好吃！」我好得意，又感覺惋惜，原來習以爲常的味道這麼震撼人心，若我也像先生一樣，長這麼大才第一次吃到阿嬤的滷肉，就能發出類似的驚嘆吧。

媽媽說，阿嬤總是在全家大小返家過節前，燉好一大鍋滷肉，分包冷凍，這樣我們在阿嬤家的兩、三天裡，餐餐都有滷肉，還能讓每家人各帶一包回家。

初二當晚，先生恰好又坐在阿嬤的滷肉前面，簡直無窮誘惑，但畢竟是初次造訪，他夾肉夾得很含蓄，後來我看他雙眼發直盯著那盤，問道：「你是不是還想再吃？」他老實說：「對，我一直在看那塊肉。」趕緊叫他別客氣了，要吃就夾。

平常很少這般貪嘴的他，悄悄在我耳邊問：「我們可以帶一包阿嬤的滷肉回家嗎？」我大聲把他的願望講出來，阿嬤說當然可以，一旁的阿姨、姨丈紛紛說：「我們的份量也都給你！我們常常回來拿！」

但我想，就算眞把大家的配給都搜刮，還是會有吃完的一天，如果能跟阿嬤要到食譜不是更好？只聽阿嬤略微驕傲地說，做這鍋滷肉，除了帶皮三層肉，她只用上三種食材——蒜頭、米酒和醬油，不落鹽也不加水。還特地從廚房拿出她的調味料，米酒就是公賣局的特級紅標純米酒，醬油就是最基本的金蘭醬油。

阿嬤叨叨講著作法，大多只可意會無法言傳，問她調味料該加多少？燉煮時長？米酒淹過肉、醬油顏色對了便行；那要燉兩、三個鐘嗎？「哎唷，免啦！」燉到覺得肉質軟硬適中即可，約莫一個多鐘吧。畢竟做了幾十年，從來都是憑感覺，突然要她量化成可傳授的食譜，眞是困難。

姨丈在旁邊玩笑：「我們從來沒問過怎麼做，都是直接回來吃。」我以前也是這樣的伸手牌啊，現在住得遠，可不是說想吃就能吃到，而且阿嬤已經八十幾歲，雖然身體還硬朗，令我們熟悉的滋味終有消失的一天。我很想盡可能保存阿嬤的味道。

不過能當伸手牌的時候也是要把握機會，我們眞提著兩包滷肉回香港（不知是哪個阿姨讓出了配額），外加一包苑裡的鄭進發鯊魚丸。

也是初二那天，中午抵達阿嬤家，本來他們已吃過午飯、收拾乾淨了，眼看我們一群人回來，瞬間又變出一桌菜，阿嬤的廚房就是小叮噹的口袋。

三年沒踏入阿嬤的廚房，我發現角落多了一台嶄新的冷凍櫃，一打開就看到鄭進發魚丸的粉紅色塑膠袋，沒作多想大喊：「我欲食魚丸！」（guá beh tsiah hî-uân）阿嬤聽我點菜，立刻切了白蘿蔔煮湯，沒多久，煮到澎潤潤胖嘟嘟的魚丸泡在蘿蔔湯裡上桌，還撒了芹菜珠。阿嬤你太誇張喔。

初三我們準備北上，我說也想帶魚丸回香港耶，媽媽問阿公，還能去市場買嗎？阿公差點翻白眼：「初三市場才沒開！」於是我這包魚丸也是從阿嬤的冷凍櫃庫存來的。

回到香港這幾天，一方面開工上班，一方面休養生息（回台灣三週當三個月在用），總算有些餘裕做晚餐，說是做晚餐，但重點就是要復熱阿嬤的滷肉來吃，還要煮魚丸湯、炒朋友家長輩種的高麗菜。

以前住台北，冷凍庫裡也常冰著一包魚丸，煮湯、煮麵扔個三兩粒很方便。現在好不容易提回香港，珍惜地吃，認真熬排骨湯，削幾塊白蘿蔔、萵筍同煨，最後還要學阿嬤撒芹菜珠。

高麗菜同樣一絕。當時拿回家，個頭太大冰不進冰箱，反正桃園家裡個位數低溫，索性擱在廚房地板上，爸爸看了說：「你這是不是那個雪翠高麗菜？很好的品種耶！」

不知道是不是雪翠啦，但是友情相贈，說什麼也要扛回香港。從朋友手中接過高麗菜，到正式下鍋熱炒，也經過了一週吧，一葉一葉把人家剝開，還是水嫩得很，可惜我的鐵鍋小又貪心煮過量，炒得有些焦，但口感滋味仍好極。

這樣一桌菜，就是我和先生被親友深深關愛的證據。

物 年節布置

想要的年節布置是這樣。

除夕前一週，奔赴太子花墟搬一盆四季桔回來，先生已經習慣我每逢節慶要變換家裡的氣象，默默地把沉重的盆栽提進門，一聲也沒吭。喜歡小巧的柑橘爲屋子凝聚一股冬日的豐盛寧靜。

另外湊一束配色討喜的牡丹菊（努力避開那些可怕的螢光色），日日看著開心，而且意外地比什麼花都耐放，插瓶兩週仍不見頹態，當然冬日的低溫也是助了一臂。

報名注連繩工作坊，在家附近的花藝教室埋首一小時，挑選自己感覺順眼的花材，妝點這圈能趨吉避凶的稻草繩。那年特別想放注連繩在家裡，又覺得很難訂到符合需求的配色，乾脆動手做。

逛北歐家居用品店，看到兩隻不曉得是虎還是獅的年獸玩偶，睫毛長長，眼睛眨巴眨巴可愛，內心軟弱沒有抵抗力，順手掃進購物袋裡。

小時候對過年沒什麼感覺，長大後有自己的空間，就當成重要的生活企劃來執行。

物 辦年貨

在台灣時的除夕，常一早陪媽媽去市場進行最後採買，再匆忙趕回家祭祖，爲趕著中午十二點的時辰，氣氛往往難免緊繃，直到拜拜完才能放鬆。

因爲跟外國人結婚，總想著「太好了不用經歷任何年節期間到別人家過年的尷尬處境」，溜回家過年，另一半也不會有意見。沒想到遇著大疫數年，婚後頭幾年的春節都在香港度過，但也因此更加隨興，要簡要繁自己決定，睡到快中午才起床，還有老公外帶早餐回來，而我懶懶躺在床上使喚他先幫忙把檸檬片從熱茶中挑出以免變苦，我就是我自己的逆媳。

過年前夕慢慢開始辦年貨，以前從來不用管這些事，直到自己

打理，才明白原來我其實很喜歡這個過程。

香港人過年習慣準備全盒（又稱攢盒），一格一格地放糖果瓜子，招待客人喜氣，也求好意頭。我一度看上幾個手工木製的全盒，但實在貴價得下不了手，買一只大盒子僅供年節期間使用，對沒什麼來客的小家庭而言也不經濟，於是從台灣訂一個尺寸適中的厚實圓木盒，三百塊港幣搞定，過完年還可以拿來當置物盒，收納瑣碎小物。

傳統上，全盒裡必放八甜，亦即糖蓮子、糖蓮藕、糖冬瓜、糖椰絲、糖甘筍（就是胡蘿蔔）、糖椰角、糖柑桔以及糖馬蹄。每到年節前夕，全港各地都能看到這八款糖漬物，我從上環永樂街三十多年的啟發涼果公司揀一包，嚐嚐看，果眞甜得試這麼一回就夠了。

我的小小糖果盒裡則準備了從台灣訂的雪花酥，以及山手作的腰果酥、松露鳥結糖。山手作是裕生海味的副牌，在「香港製造」蔚爲潮流時，自設廠房生產各種零食點心。每次打開盒蓋，我最常進攻的就是腰果酥，飯後來上一粒，十分滿足。鳥結糖卽牛軋糖，山手作造得細薄不黏牙，松露是新出品的口味。

果乾類的備上兩種，一是在中環街市的林記懷舊小食買一袋無花果乾，喜歡那種酸到皺眉的滋味；另外在選物品牌 SLOWOOD 的中環分店，自己秤重裝一點台灣的低糖芭樂乾。這兩個配茶都好。

經過中環陳意齋，帶幾樣老派古意的中式點心。陳意齋起源廣東佛山，後來遷至香港，至今也有九十多年歷史，售賣許多其他地方看不到的糕餅。盲公餅據說是一位失明的算命師所創，成分簡單，油、糖、花生和芝麻等，質地硬口，我覺得很適合配黑咖啡。石榴花煎堆頗具喜感，原本做來酬神，通常雙對賣，猜想是讓人放供桌上，陳意齋單售一個，我買回家卻有些苦惱該如何吃它。另外還帶一包茶泡，也是廣東人的過年零食，即各種油炸根莖蔬菜片，與其說配茶，感覺跟啤酒還比較搭。

從銅鑼灣的上海食品店老三陽購得一塊桂花紅豆鬆糕，放冷凍庫可冰存一個月，年節期間蒸半塊來吃，鬆軟溫潤，桂花的香氣雅致恰好，應該是我的年貨清單中滿意度排名前三。

上述諸多點心都是捨近求遠從港島辦來的，忘了紅磡也有悠久的老店。某天在社團群組裡看到有人推薦劉永茂的年節炸點美味，心想劉永茂不就在我家對街，一查竟也是六十多年的海味乾貨品牌，的確每到農曆年都在鋪檔口堆滿各種零食糖果，以往居然沒把人家放在眼裡，必須還它一個公道，選一包琥珀核桃試試，一試不得了，稍沒留神便吃掉一碟。

唯一購入的西點是本高砂屋的法蘭酥和捲心酥，見到從事選品的網友推薦，內心起波瀾，正好家附近的日本超市便有本高砂屋的櫃位，售賣小盒裝款式，適宜兩口之家嚐鮮。份量不多，過年期間節制著吃，確實顛覆我對這類餅乾的印象，細細膩膩十分合胃口，從此成爲我們家送禮自用的西餅首選。

我喜歡張羅年貨的過程，享受爲一桌食物東奔西跑、探尋老鋪的旅途，唯一無奈是沒什麼親友一同享用，弄來這些節慶專屬的熱量，是甜蜜也是負擔。

物

西貢糧船灣砵仔年糕

這是一個，爲了買塊年糕而跑去香港東北邊漁村聚落，如此嘴饞的故事。

第一次認眞爲自己辦年貨，又考量家中的口數，決定買一塊尺寸適中的年糕，而且最好是在地人小道消息推薦的。於是向靚友 Amy 請教，孰料她說：「我吃的都是別人送的。」嗯，合理，我在台灣時也仰賴媽媽處理。

我一度尋得厭煩，想說乾脆買老醬園八珍出品的瑰麗年糕，份量細巧適合小家庭，只是添加防腐劑讓人感覺氣悶。沒想到 Amy 又突然來訊：「聽說糧船灣的砵仔年糕很好吃。」

糧船灣？起初看到還以爲是什麼品牌，欸不是，是香港東北邊西貢區外海的一座大島，就是當你千里迢迢跑去西貢，還得坐船出海才會抵達的地方。而關於這砵仔年糕的資訊，僅僅是臉書上一則網友的貼文，說這位名叫「娣姐」的阿姨堅持用柴火燒水、用瓦砵蒸年糕，光是這幾行字，加上幾個瓦砵清純的模樣，我就被迷惑了，古法手工製作的傳統食物才會讓人亢奮嘛。

娣姐的生活方式大概同樣停留在某個年代，直到某年才初次有人在網路上幫她賣年糕，貼文也僅標示著可電話聯繫娣姐，心想這樣的純樸人家，八成不說普通話、肯定也不用通訊軟體，只好委託 Amy 幫我打電話去訂，她速速回訊說：「訂好了，我們下週去西貢拿。」

只確認日期，沒約定時間，漁村風格就是——當天再說，住在糧船灣的娣姐會開船進西貢市區與我們會合，說是市區，也不過是以碼頭爲中心蔓延開的一塊小聚落。於是和 Amy 說好了，取完年糕不如順便來趟西貢一日遊。

可惜我終究沒見到這位神祕的、在外海漁村炊古法年糕的娣姐。

先生聽說我要去西貢買年糕，難得開口說要跟去玩，也好，乘他的重機直接翻山越嶺過去，比自己搭地鐵轉小巴方便得多。結果當天中午到，更早抵達的 Amy 已和娣姐碰頭取得年糕，因此錯失見到本尊的機會，但在我心裡她就是一位駕著漁船如駕法拉利跑車那樣拉風的獨立女子。

沒意料買年糕的任務一會兒完結，被能幹的 Amy 一手包辦，當天我們就在碼頭旁的海鮮酒家大啖飲茶點心，吃飽喝足後乘船去一座名爲「鹽田梓」的小島，島上有著三百年的晒鹽歷史，如今以一種文化保存的形式，小規模地生產在地手工海鹽。

島不大，遊逛完小小的鹽田與當地的天主教教堂，坐在山腰上的小吃店遙望鹽田、喝啤酒吹涼風，中年男女的行程就是如此廢物。傍晚五點，乘上速度很慢的船，回到西貢碼頭，此時先生才想起來，他把安全帽忘在島上的小吃店裡。

那天是水星逆行第一天，如此頭腦不清忘東忘西害得交通往復，也可說是正常發揮。我們只好立刻再跳上另一艘船，慢悠悠地駛回二十分鐘前才離開的小島，但也因爲先生的糊塗，得以見到山村水鄉的絕美夕陽，這是每天生活在紅磡住樓裡，不會看到的景色。

至於那塊讓我們舟車勞頓的年糕呢——眞的是既搭車又坐船的一天——從 Amy 手上接過時，那瓦砵的重量、糕面的糖色，再次讓我深信如此費心是值得的，美妙的食物值得你千山萬水地去尋它。

小年夜那晚，我正式破糕切片煎來吃，邊切時邊偷嚐幾塊畸零的邊邊角角，甜味溫潤，冰涼的糕體帶點脆口的彈性，內心已經在彈奏《中華一番！》的美味鑼鼓了。由於那陣子右手燙傷不好使，我省去調製麵糊蛋液的步驟，用烤箱的餘溫將切片的年糕熱軟，便直接下鍋，在塗了薄油的平底鍋上乾煎，煎到兩面微焦起泡，便可盛盤。

剛煎好時還有點過軟，放涼幾分鐘，彈性慢慢回來，口感更理想。煎熱的年糕，甜度上升，糖香盈口，但是配熱紅茶剛好，我眞是忍不住一塊接一塊，偶爾才餵食先生一小口，半大塊年糕就這麼不見了。

整顆年糕順利在年假期間完食，既沒有占用到冷凍庫的空間，還留下一個可重複使用的瓦砵，一切都很美好。

物

錦祥號臘腸

往年除夕早上，我會隨母親出門，至傳統市場進行採買，再趕著午時前回家拜祖先。我家向來年味清淡，傳統人家吃的香腸、烏魚子等年節食材，多半不會出現，爸媽講究養生，年夜飯的餐桌上通常以蔬菜、海鮮爲主，零食糖果的準備也很節制。

二〇二一年春節，疫情阻絕了返台過年之路，活到三十多歲，我第一次有機會盤算，要怎麼以一己之力籌備農曆新年。辦年貨的齒輪咔咔轉動起來，我南奔北走地四處張羅，試圖結合港台兩地的飲食習俗，置辦一份心目中理想的年貨。

就是因此尋獲錦祥號的臘腸。

在香港要買臘腸不難，但也許是家庭教育影響，我一向對製程不明、富

含添加物的食材抱持謹愼態度，所以從未買過臘腸。然而爲了在自己的年夜飯處女秀上端出經典的臘味煲仔飯，於是精挑細選這家香港的老字號，錦祥號標榜全程本地製造，不使用防腐劑。

工廠兼門市位於西環，我嫌麻煩，就近在上環海味街一帶的排檔購買。小小的排檔，陳列所有產品倒也綽綽有餘，各式臘腸鹹肉吊掛一排，看上去顯得豐饒。年節近，停下來買臘腸的人潮不少，這是老店令人心安的證明。

若是要做三拼的臘味煲仔飯，那需準備臘腸、潤腸和臘肉，但光是臘腸的品項就有數樣——三花腸、特瘦臘腸、金華火腿腸與黑椒臘腸——該如何挑選？顧攤的阿姨會親切爲你解答。

三花腸是最傳統的配方，肥瘦比例爲二比八，「特瘦的比例就是一比九，現代人講求健康嘛，不吃那麼肥，就可以買特瘦。」金華火腿與黑椒則顧名思義是加料調味，過年如想來點排場，選擇金華火腿腸是不錯的。

攤位上還放了一盤碎腸，尺寸凌亂、長短不一，「碎腸就是三花腸，只是沒那麼漂亮，通常會剁碎拿來做蘿蔔糕。」原來在灌腸的環節中，難免出錯、斷裂，無法成爲完美的臘腸不打緊，畸零的身形仍有用武之地，況且標價也大有落差，不失爲節省支出的選項。

作爲老品牌的銷售員，阿姨不見那種香港店員典型的厭世淡漠，不但有問必答，亦再三強調：「我們這都是香港製造，有七十幾年的歷史喔！」見我拍照，也不攔阻，熱情道：「多多幫我們宣傳唷！」一旁的大叔倒是安靜，埋首拆解一大塊金華火腿，挑選不同部位片成小塊狀，有的拿來煲湯，有的適合熱炒提味。

讀過錦祥號的故事，我隱約明白阿姨的待客之道。許多老店難免有脾氣，但是做臘腸是不討好的體力活，本地製造比拚不過中國低廉的人力、物力，負責人余錦華本身年近七十，一班伙計都差不多這個歲數，接班人連個影子也沒有，老字號營運一天是一天，仰賴有心的市民支持，與人爲善挺重要。

余錦華做臘腸的起點始於父親，五〇年代仍是孩童的年紀就開始幹活，但幾十年下來，錦祥號一直是貼牌工廠的命運，辛苦製作的臘腸總是被貼上別家的標籤才賣出去。香港指標性的飲食週刊《飲食男女》十年前找上他，他在訪談中眞情吐露：

「你問我做臘腸有沒有自豪感？我沒有，一點也沒有。我憑什麼自豪？每日由凌晨做到深夜，一刻不能停。做了一輩子，沒有自己的店，交貨給別人，別人轉手賣貴一兩倍以上，我做了一輩子，沒有人問，沒有人知道，風光都是別人的，甚至被人奚落、侮辱、壓價。我靠一雙手掙錢，掙得了多少？所以我不留錢，我恨錢，恨它讓我那麼辛苦。」——〈無冕之王　錦祥號〉《飲食男女》第九〇三期，二〇一二年十一月十六日

好在近年來，香港本土意識抬頭，提倡港人食港菜、港豬，堅持本地製造儼然護身名符，錦祥號才終於擺脫爲人作嫁的妾身地位，這都歸功於背後的手藝與原則經年不變——始終採用天然豬腸作爲外膜，臘腸調味必備的玫瑰露酒也只選用香醇出名的「天津金星」牌，每天清晨五點開工、歷經種種程序成形的上百斤臘腸，還要入電爐烘乾四日方稱大功告成。

從排檔阿姨手上接過這分職人的心血，讓人特別想要好好做菜來發揮它的價值。

網路上的臘味煲仔飯食譜很多，左挑右揀，台北大三元酒樓提供給《米其林指南》的食譜最爲合用，便依此調整成我想要的版本。做煲仔飯，一般建議用泰國香米，但我偏愛日本米的圓潤彈勁，只要泡水、瀝乾的步驟如實，粒粒分明的好米得來不費工夫。另外，請一定取用厚實的鍋，如此米飯才會受熱均勻，熄火後更有保溫效果，若沒有煲仔飯專用的瓦鍋、砂鍋，像我這樣以土鍋來做也成。

先在鍋內抹上一層薄油，避免米飯黏底，還能在最後烙出漂亮的鍋粑。瀝乾後的米與等量的清水入鍋（即米、水比例一比一），便能蓋鍋開中大火燒製，水滾後、火調小，炆煮五分鐘。

同時可汆燙搭配煲仔飯的綠葉時蔬，芥蘭當然是首選，或是其他十字花科的蔬菜也好。另外需將臘肉、潤腸和臘腸以熱水浸泡一陣，你會發現看似精實乾身的鹹肉原來油量驚人。

米飯燜煮五分鐘後，把三款臘味條列蓋在飯上，略施力讓肉身微微陷入米飯中。此時再度蓋鍋以最小火煲煮，原食譜建議十二分鐘，我視米量與米種不同略減爲八至十分鐘，過程中，每隔幾分鐘便轉動鍋子的角度，讓整鍋飯的底部都能均勻烙色。

最後取出熟得脹卜卜的鹹肉們，片薄鋪回飯上，晶瑩的油脂流

洩，再度蓋鍋略煮直到香氣飄散，關火焗個數分鐘，我喜歡葉菜維持翠綠，趁著上桌前鍋裡還溫熱，才放入芥蘭，淋上一匙煲仔飯醬油收尾。

二〇二三年春節，仍舊無法回家團圓，但有一鍋做得熟練的臘味煲仔飯，我就能在紅磡的廚房裡建立自己的年節傳統。

火

阿嬤滷肉拌麵

近幾年養成的迴圈是，每當過完農曆年，氣候漸暖，不太需要脂肪禦寒時，就開始檢討自己的飲食習慣，內心微微譴責一至兩個月，直到眞的採取行動；春夏挑一種方式設法瘦身，好不容易終於有顯著進展，眨眼又是食欲之秋、廢爛之冬。彷彿原地跑輪圈的倉鼠，但事實是倉鼠的運動量恐怕比我還大。

想不起來究竟展開過幾次飲食控制，總之是越來越熟練了。這回揀選最溫和的手段，但是詳細數算自己攝取的蛋白質、蔬菜、油脂與澱粉量，居然才一週便獲得令人安慰的回報，當然不排除是因爲飲控前一週放縱大吃先把體重數字衝高，所以輕易獲得減肥初期的成就感。

阿嬤這幾塊美得可典藏至故宮的滷肉，也就在那時候先藏入我的體脂裡。珍惜的食物終有吃完的一天，隨著飲控計畫在即，冷凍庫差不多該清出一些空位給中低脂的蛋白質，只好把最後一包滷肉解凍，和先生分著兩餐吃。

剩著三塊油皮晶瑩剔透的滷肉以及少許醬汁，某日中午燙一把上海麵，盛在粵東磁廠的碗裡，肉塊與肉汁輕輕柔柔躺睡在麵床，披蓋鬆爽的蔥被，配著清涼的蘋果汁，那十多分鐘唏哩呼嚕吃麵的片刻，是我和阿嬤的滷肉快意相伴的時光。

事後回顧照片實在有些自虐，但也好像一種打氣，當等到身體和體重計都滿意，或許遵循阿嬤的食譜做一鍋她的滷肉，會是很幸福的獎勵。

火

金華火腿冬筍雞湯麵

腸胃不舒服，沒過情人節，元宵節的湯圓也沒吃到，內心鬱悶。幾天後雖然稍稍復原，但還是不敢隨興進食，決定燉一鍋雞湯，讓自己好過一些。

同時是搬來香港三週年的日子，所以雞湯不能亂燉，冰箱裡的好料都挖出來，進行小小的慶祝，於是有了這鍋金華火腿冬筍雞湯。在一座很容易取得金華火腿的城市裡住了三年，卻直到那天才第一次用金華火腿煲湯，哎呀，永遠不嫌晚嘛。

鮮美的湯在爐上滾一個半鐘，末尾時舀幾杓湯在小鍋裡，放入一包苗林行的半生麵，難得煮湯麵，就要用最能入味的方式來煮。柔嫩的麵條在碗裡蜷著，排入雞肉、冬筍和一小把水菜，最後將濃鮮的湯淋下，看來平淡，卻滋味富足。金華火腿的旨味幾乎讓湯頭帶點酒香，細細滲入麵裡。

前陣子老想著家裡好像缺兩個夠大的湯麵碗，後來發現我其實跟一個長得很高大的小鳥胃住在一起，根本不需要用到湯麵碗。半生麵一包才一百二十克，兩人分食，六十克的麵放在乾麵碗裡恰好，還有空間盛湯和料。

但怎麼說都是很小的份量，原想著吃完麵，還可以再去裝碗冬筍雞湯來喝，先生卻搖頭說不用。

「爲什麼不想吃了？你覺得不好吃嗎？」

「沒有啊，很棒、很健康呀，但我吃這樣就夠了。」

雖然總是不明白爲什麼一個高頭大馬的人，食量比我還要小，但一起生活三年的心得就是不要糾結這些無聊的規則，太太我快樂地多喝兩碗湯便是。

席 BluHouse

平日晚上我和先生常常是電量低落的狀態，於是那年情人節提前在週末度過，預留尖沙咀瑰麗酒店裡 BluHouse 的海濱座位，吃一頓悠閒午餐，設想美食配海景，結果茫茫大霧什麼美景都看不見。

有點職業病吧，過節常是我們體驗新餐廳的機會，拍照主題也老是食物多於身邊的人，那天用餐回來發現，怎麼只有菜色的畫面，連餐廳的其他客人、侍者都出現了，卻沒有任何一張先生的照片，只有某張照片的右上角露出一截他戴婚戒的手。

約莫反省三秒鐘就放下這事，因爲他完全不會在意，我也不要在意。

有次和朋友吃飯，其中一友問，「你老公有什麼特點是讓你喜歡的？」老實說這種問題我常常一時答不出來，或許喜歡他就是一種直覺，是本能，很難立刻理性言說。

不過在去上廁所時，自己獨處一下反芻這個提問，出來就跟大家宣布：我老公有個優點，他沒什麼男性的自尊毛病，我怎麼做自己都不會威脅到他。

所以我們相處起來總是很自在。他不擅長儀式感，餐廳多半由我選；整頓飯的時間，相機鏡頭對著餐桌多過於對著他，他不愛拍照，完全無所謂；飯後撒個嬌「你要請客嗎」，他就默默拿出信用卡。

生活中有太多這類各自付出、扮演自己想要角色的例子，誰也沒勉強誰，偶爾可能感覺被對方忽視或誤會了，溝通一下即可，從來無需上綱到尊嚴的層次。我們是親愛的伴侶，也是尊重界線的室友。

因此情人節過得很平淡，太太對食物的興趣顯然大於關注先生，但又有什麼關係？每一天都平靜喜悅更好。

24 hrs
全日

芳春

火

甜豆山菠菜茅屋起司沙拉

冬天的時候，若非節慶場合，帶有享樂心情，通常我做西餐的次數往往寥寥可數，天冷開伙，只想吃滾燙的鍋物或冒煙的台式家常菜。氣候一暖，西餐魂卽刻歸返，菜放涼了吃也不傷心。

收獲一箱來自台灣的蔬果，裡頭有一包甜豆莢和山菠菜，長這麼大才知道原來有山菠菜這個品種，據說直接熱炒味帶苦澀，那就汆燙做成沙拉吧。甜豆莢則取豆仁，保留幾個豆莢裝飾用，滾水燙三十秒，不可過老。菠菜擠去水分切段鋪底，覆蓋一層茅屋起司，再撒落甜豆仁，最後淋很多橄欖油，磨黑胡椒和海鹽。

這是一道幫自己的餐桌換季、說聲「春天來了」的蔬食料理。

作爲主食的義大利麵有些清冰箱的意味，挖出一盒精神委靡的秀珍菇、幾根表皮開始潰爛的娃娃芥菜，還有冷凍庫裡常備的本地臘肉，搭配鷹嘴豆雙槽麵，炒一盤台味義大利麵，這是我最喜歡的方式。

臘肉切小塊在鍋內煸出油脂，秀珍菇入鍋炒上色，娃娃芥菜最後下鍋沾裹豬油脂，可有效去除苦味。兩杓煮麵水加進來乳化豬油、形成醬汁，煮好的麵條滑進鍋裡，翻動翻動，擠些檸檬汁，刨大量帕瑪森乳酪，幾乎不用落鹽。盛盤後，乳酪再瀟灑刨一層，淋橄欖油，以芝麻葉增添綠意。

中式臘肉炒成的義大利麵，滋味實在太美妙了，有時候甚至比義式培根更有風格，芥菜與芝麻葉的微苦，則是非常解膩。

另外還想要一道肉食，又不願忙到神經緊繃，那就煎三條煙燻辣肉腸，毫無技巧可言，但吃食的快樂同等。

做菜是這樣的，不僅在餐桌上感受季節變化，反映當下的喜好，更有情緒定錨的作用，生活與工作難免不如意，我非聖人，低氣壓一來，也會吃些垃圾食物洩憤。完備這頓晚餐之前，本來爲些難以吞忍的渾事而烏煙瘴氣，一度怒到打消煮飯的念頭，但想想如此太不划算，要說有什麼奇蹟能平復情緒，絕對是自己盡心盡力煮的一桌菜（以及倒一杯白酒）。

物 萬記砧板

初來香港時，入住紅磡一座老舊的唐樓，與另一半縮居在不到十坪的公寓裡，還有一位室友跟我們分租這小得不可思議的房子。

帶著幾卡皮箱遷入的我，雖然盡可能把在台北時心愛的鍋碗瓢盆都運來了，終究不可能複製整間慣用的廚房，既然生活侷促，家用便因而從簡，小小的廚房裡，挖到什麼就派上用場，並不時刻講究。過了大半年以 IKEA 砧板、菜刀將就做飯的日子，我和另一半決定搬家，從頭打造專屬兩人的空間，我也得以好好檢視那些平時經常相處的廚房器具設備。肯定要全面汰換的是發霉的砧板、不好使的廚刀，這讓我有藉口去一趟油麻地的上海街。

油麻地本就具有超過百年的商貿歷史，北達旺角、南接佐敦的上海街更是二十世紀初重要的交通樞紐，因此百貨商店林立，繁盛一時。後來隨著鄰近地區開發，油麻地日漸沒落，上海街的交通要角亦被寬闊的彌敦道取代，但是諸多傳統手藝、舊時商行仍守了下來，有八十年的秤店，老字號的刀庄，再加上一些新興的批發商進駐，油麻地段的上海街逐漸變成餐廳酒樓包辦一切硬體的廚具街。

可想而知當我誤打誤撞晃進上海街，發現這裡的聚集經濟將爲廚具控帶來多麼美好的人生，實在是快樂極了。搬入新家後的某個週末，我便目標明確地直達油麻地，心裡惦記著一把鋒利的菜刀、一塊容易保養的砧板。

先是在陳枝記左挑右選，猶豫多時，包一把片鴨刀入袋，雖然家庭煮婦大概只會拿來切青菜豆腐，偶爾切點肉絲，似乎稍嫌大材小用，不過回家當晚光是切顆檸檬，刀起刀落的速度之流暢，還是令人感覺很好。有了一把好刀，再往北走個幾步，就是萬記砧板，鋪頭整齊疊著一排肉攤、燒味鋪必備的厚大圓柱砧板，視覺相當震撼，沒有什麼比這更吸引人的店招宣傳。

萬記的創辦人原是產銷木屐起家，到了六〇年代，木屐的市場需求被耐用的塑膠鞋取代，萬記便改製作木砧板而存活；第二代傳人接手後，又遇上八〇年代塑膠砧板大舉入侵，此時的經營者決定正面迎擊，在店內引入販售塑膠砧板，搶占先機，並且順勢擴充自家的商品範圍，不再只對木製品死心塌地，各式廚具用品、烘焙器材，還有餐廳制服、

餐牌家具皆登上價目表；如今傳至第三代，若有人要開一家餐廳，甚至能請萬記爲你一條龍設計包含店鋪規劃的所有細節。

作爲在二十世紀普及、氾濫的材質，塑膠大幅壓縮傳統工藝的空間，老鋪不支倒店多半是走勢。但萬記並不一味固守往日情懷，接納新的，才能保有舊的——如此一來，現在要買專業的砧板，你還是會想到「砧板大王」萬記。

占有三間店鋪，可說是這條街上的大戶了。我從堆滿各式砧板的那個角落遊逛起，撇除豔紅鮮綠的膠砧板，木砧板的選項仍多到令人無所適從，圓的感覺太過浮誇且不易收納，方的有些看來會在三個月內發霉。思量半晌，還是求助一旁正在理貨的阿姨。

「怕發霉，那用膠的囉？」阿姨邏輯正確，但我想擁有一塊木砧板啊！於是她從角落的架子上取一塊有把手的，塞到我手裡。深色的木紋討喜，雖然包覆了一層塑膠膜，但仍看得出表面微微反光，想是有經塗蠟處理。不死心地再向阿姨確認：「這是什麼木材？眞的不會發霉嗎？」阿姨倒也有耐心，揮手說：「不會啦！這是沙比利木。」

沙比利木主要分布在非洲，喜好溫暖潮溼的氣候，在東南亞、中國海南和台灣中南部也可見到，想像自己提回家的這塊木板來自馬達加斯加，歷經原野的日子，但恐怕還是從鄰近海南島運來的可能性較大。這塊砧板在廚房裡兩年了，承載所有我處理過的魚貨肉品，刀痕累累，表面不再光滑，但阿姨的確沒有騙我，它從未發霉。

身爲一個主人，我並不十分善待我的砧板，後來閱讀媒體採訪萬記第三代傳人歐家亮，他特別提到，洗碗精是木砧板的大敵，若想清除生鮮留存在砧板上的腥味，應以粗鹽或蘇打粉刷洗，再以清水沖拭。由於實在必須大力扭轉自己的認知才能遵照這項專家的建議，加上我也用洗潔劑清理砧板好一陣子了，便一時改不掉這個習慣。

可是我的沙比利木砧板一直是那樣可靠穩固的存在，它讓我在上頭切肉絲斬雞骨，翻個面還能揉麵團做餅。洗淨後，靜靜地立在牆邊吹風乾身，看著它，就感覺踏實。或許還是要克服心理障礙，嘗試用蘇打粉爲人家洗澡才是。

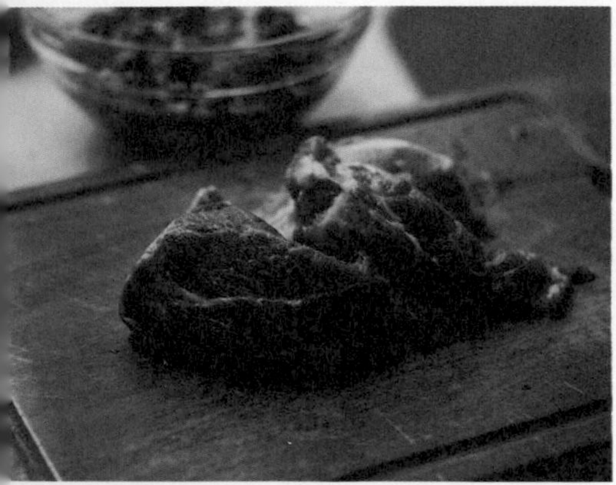

席 榮記

發現榮記是偶然。

紅磡街市是我住在香港這幾年無論如何都難以搬離紅磡的原因之一，去得頻繁，各家攤商的專長品項爲何，已心裡有數，人是容易偏安的，紅磡街市擁有一切我需要且喜愛的特質，實在不願冒險搬去另個區域，那裡的街市恐怕不及，或者更淒慘的是，沒有步行可達的街市。

通常在地下兜轉（註1），買買蔬菜、海鮮和花束；偶爾上得一樓，揀塊華記農場的本地豬或包兩副雞骨架回家燉湯。二樓是熟食中心，印象裡都是些必須揪朋引伴才能造訪的海鮮大排檔，來街市一向是快狠準的購物行程，自然不會晃上去。

有次爲文章取材，寫這座市場，心想介紹得盡量透澈，於是搭電梯乘往二樓。果然多半是吃桌菜的海鮮餐廳，近午時分仍空蕩，僅有

註1——香港的樓層採用英制，地下（Ground Floor）即指台灣的一樓。

幾個夥計在鋪頭外爲卽將熱鬧的午市備料。倒是角落的茶記旁，三倆叔伯嬸婆圍著圓桌，桌上擱著熱檸水，悠悠哉哉閒聊，亦有悄悄獨食一份常餐的客人。

我一般不吃早餐，可是看到這幅景象，以及水吧台上復古的壓克力招牌，身體不餓，內心倒是欲望起來，對於這種看來頗有年紀的食肆最沒抵抗力了呀。

挑個座位安頓好，向招呼食客的阿姨點一份快餐，內含牛油方飽或多士、火腿雙蛋、咖啡或茶，這種類似喫茶店早餐組合的食物，就是要來老老的茶記吃才對味。香港現在許多混種的冰室或茶餐廳，裝潢時髦，菜單品項琳琅滿目，餐點質素卻令人失望。老店出品當然也稱不上扣人心弦，但至少平實價美。

負責點餐的阿姨是那種溫文儒雅的老香港，普通話會講一些，英語說得極好，順勢向她探聽榮記的年歲，「差不多有三十年嘍。」最早的店鋪位處紅磡殯儀館一帶的曲街，遷址兩次才落腳街市的熟食中心。

像這樣長年做著簡單生意的店家，在香港曾經隨處可見，但就連我這個居住不久的外地人都感受到時代與資本社會的無情，剛來香港第一年，我和先生就住在曲街附近，那個地帶確實有幾家如同榮記資深的食堂，只營業早市和午市，客群多爲中高齡，這些年亦是出於種種原因接連停業。慶幸榮記頑強，妥妥在街市頂層生根，讓我遇見。

早上的榮記，好似長輩的交誼廳，一杯飲料捧著，和朋友消磨時間，許多熟客點熱檸茶，喝完了就自行去角落的滾水桶添一添成熱檸水，又可以再坐上半刻鐘。中午十二點多，榮記的客人漸散，阿姨和另名幫手緩緩收走幾張圓桌上的水壺、醬瓶與糖罐，說是要還枱了，原來熟食中心裡的圓桌是各家店鋪共用，營業時間內可占著幾張，之後便淨空給其他營業晚市、宵夜的飯店。

知道先生也會享受於此吃頓早午餐的悠遊自在，週末時領他前往，給他點一份火腿醃列配奶占多士（註2），天若燥熱，跟餐飲品選擇凍奶茶再好不過。後來偶爾趁著中午將收攤前，攜著筆記型電腦造訪，一碗公仔麵下肚，尚未喝完的凍飲便能伴我工作一陣，阿姨和其他夥計都親切，從不趕人，只將碗盤收走，說聲「你慢慢喝」，兀自進行關店清理，事情做完就下班，而午後的熟食中心漸趨平靜，許多桌椅相連到盡頭，簡直是超大型的共享空間（Co-working space）。

香港的老店往往有自己的脾氣和行事規矩，坦白講我經常抱持著可能被惡劣對待的心理準備上門，倒不是認爲這些作風霸氣的店家必須改善服務態度，其實我大多時候能理解，在一座高壓的城市裡勞動很難對不相干的他者付出心平氣和，也因此對於在榮記所遭受的親和待遇特別感恩。或許是因爲它並非名店，沒有川流不息的人潮，僅有固定前來的常客或像我這樣不期然闖入的迷羊，榮記每天開業就是認分地烹調單純的食物飲品，數年如一日地經營一個上午，幾無營利的野心，造就它和善溫柔的姿態。

榮記不是一處需要特地探訪的景點，對我來說，它的存在更像是令人懂得珍惜生活裡那些平凡而不可或缺的小事，老老的茶記由老老的人經營，終有謝幕之時，我只想記下它曾在這裡，在我眷戀的街區。

註2——奶占多士即煉乳與果醬（占為Jam音譯）塗抹烘烤過的吐司。

2
榮記
咖啡奶茶
早午快餐
Coca-Cola
Sprite
Coca-Cola zero

火

京野菜鴨肉鍋

遭逢梅雨季，雨下得多之外，有時候氣溫也涼涼的，大幅提升吃鍋的欲望。從冷凍庫挖出一片鴨胸和一盒雞絞肉，心想：那就來吃京野菜鴨肉鍋吧！

雞絞肉拿來做丸子，做法參考的是比才《家．酒場》裡的「雞肉丸子蛤蜊雪見鍋」篇章，非常簡單。加一顆全蛋進去，肉泥變得水水的，本來以爲會不會很難凝固，結果完全沒有這個困擾，甚至因爲油脂不夠，還覺得有點乾，但是口感頗爲鬆軟，眞的毋須擔心肉泥水分太多！水煮定型一批肉丸凍起來，保留一小份生的肉泥當作雞滑，吃火鍋的時候直接煮。

主角鴨胸來自法國，餘味有些野臊，想念某次返回台灣，在台北的赤綠吃到櫻桃鴨鍋，滋味乾淨，眞是被台灣的農漁牧品質寵壞耶。我要是搬去一個更遠的地方該怎麼辦才好？

準備了春菊、水菜和大黑本菇（形似台灣的松本茸）拼成野菜盤，油豆皮和蛋餃純粹增添夾菜的選項。吃鴨肉鍋很重要的京都九条蔥，也備一大根，刨成絲，汆燙後配著鴨肉蘸椪醋、柚子胡椒。

掃空所有蔬菜與蛋白質，已經相當飽足，可是鍋物煮到最後的湯頭才是精華，倒掉實在心痛，於是下半包零糖質麵條（是個讓自己沒那麼罪惡的選項），再打一顆蛋，撒落蔥花。

吃到湯都喝光光，毫不浪費。還沒辦法去京都，先在餐桌上抵達了。

火

清明潤餅

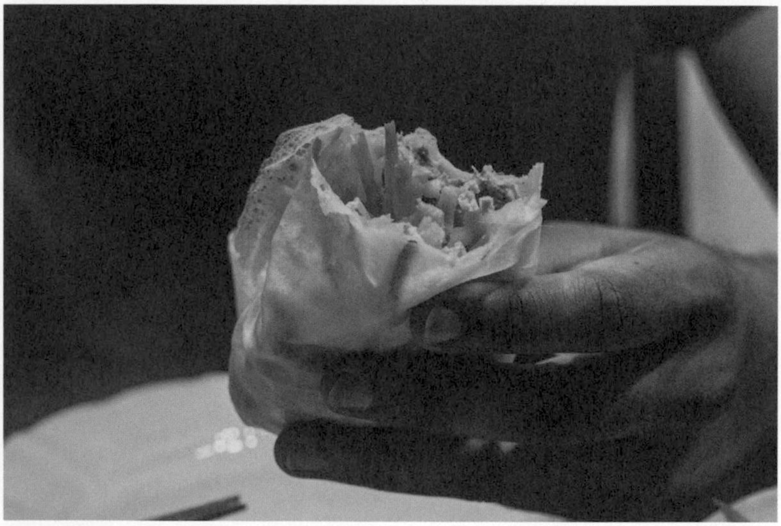

受邀在香港中文大學的課堂上分享我們怎麼在家中實踐印度教的禮俗，後來同學反問，我會不會也把台灣過節的習俗帶進生活裡，而先生對此又有什麼想法？

我說：「在香港過節的方式就是在餐桌上創造變化，先生通常對細節沒興趣，我餵他吃什麼，他就吃什麼。」

清明節到了，又是個「我一廂情願準備一桌菜然後老公只顧著吃不會多問」的例子。

想想不對，我那麼認眞在了解印度文化，也該機會教育他一番。飯後收拾餐桌，順便問他，你知道爲什麼掃墓節（英語人士對清明的理解就是 Tomb Sweeping）要吃潤餅嗎？想當然耳獲得一個漫不在乎的聳肩回應。

於是用很簡單的劇情解釋寒食節的由來給他聽：很久很久以前，有一個國王（春秋時代的諸侯太難說明，一律統稱國王！）爲了報答一個有恩於他的人，所以一直找他，對方不想理會國王，帶著媽媽到山裡隱居，有人建議國王放火燒山把他們逼出來，結果卻導致他們活活被燒死，國王很後悔，就把這天訂爲寒食節（Cold Food Festival，確實是這麼直白的翻譯……）。至於寒食、清明因爲日期鄰近而習俗相互影響，對外籍人士來說是過於複雜的資訊，就此省略。

先生聽完——很明顯是左耳進、右耳出地聽——說：

「你是隨便捏造一個國王出來的吧？」

「哪是！眞的有這個人，是三千年前的故事！」

雖說我的漢文化習俗課顯然是失敗了，但自家備的潤餅宴倒是挺成功。

經過前幾年的歷練，流程已經很熟悉，週末直衝紅磡街市附近的閩南商店購入一大包潤餅皮，接著上街市二樓的華記農場豬肉攤揀一塊豬腿肉，其餘蔬菜、豆品也在街市裡搞定。

到家後先乾式鹽滷豬肉，考量體重管理，特別挑選脂肪較少的部位，但那就容易烹調得過韌，鹽滷有助於瘦肉保持多汁軟嫩，理想的話應該前一晚先醃起來。高麗菜、胡蘿蔔處理成細絲，連同洗淨的豆芽菜逐一滾水燙熟瀝乾。五香豆干也切絲，以少少油翻炒，簡單用醬油、五香粉調味。平底鍋內補點油，煎一片蛋皮，放涼後再切絲。最後重新加熱燙蔬菜的水，倒些米酒，燒滾時把整塊豬肉放入並蓋鍋，直到再次水滾，熄火燜半個鐘。

先生打完球回家時，我正在把靜置後的豬腿肉切薄片，其他材料皆已上桌，餅皮也蒸好了。這年的潤餅餡料相較前年顯得樸實，但能在空間加倍的廚房裡有條不紊地準備，身爲煮婦只需要這麼簡單的自得其樂。

調味料固定採用香菜與花生粉，另外挖些朋友幫我寄來的馬告蒜味辣油，還突發奇想地倒點香港的余均益辣醬——沒想到，意外達成我人生短短的潤餅宴歷史中的里程碑！余均益辣醬太適合夾在潤餅裡了！酸鮮的滋味與恰到好處的辣感讓所有清淡的餡料都活了過來，強烈推薦所有吃潤餅的人家裡備著一瓶。

後來想，平常要哄騙他吃蔬菜的先生，自動自發地把各種菜菜夾到盤裡，貪心地包成一大捲潤餅，婚姻裡的文化課不及格又如何？能與我一起享用被眞心製作的食物，就是高分通過的伴侶。

火

世界麵包

朋友Y近年重新開始她的「世界麵包」生意，遠在海的這一端十分羨慕島上的朋友可以跟她訂麵包。曾經我也住在離Y做麵包的地方走路十五分鐘的距離，從她手上接過剛出爐不久、新鮮非常的麵包，我們就是因爲麵包成爲無需經常聯絡但永遠可以理解彼此的朋友。

玩笑嚷嚷許久，我住香港，她住恆春，挺近的嘛，麵包投遞過來不遠。兩人都忙，始終沒眞的嘗試。後來我短暫回台，本想或許能趁機訂麵包，但是生活多采多姿的Y可不是只有做麵包，還是職業潛水教練，我到台灣的時候，她剛考過執照，又跑去沖繩玩。錯身而過微微可惜，但不遺憾，我知道我與世界麵包是有緣的。

我回到香港，日常轉動；她回到恆春，又開始做麵包，彼時我想天氣還涼，貨運流程兩日，體質和Y一樣健壯的世界麵包應該能在熱帶的初春離家遠行，抓著商品價目表，向她訂了「發酵奶油軟法」、「天空之城吐司」，還有我以前最愛的鑄鐵鍋麵包「冰川」，也只有Y這麼豐富的人會想到用冰川爲麵包命名。

結果這麵包眞是得來不易。恆春對貨運公司而言屬偏遠地區，取件、寄送的時機難以掌握，於是她趁家人南下工作，讓他們把麵包帶回高雄，再託快遞去收貨。物流先生提醒，食品未標示成分，恐有被海關攔截的疑慮。因此連續兩日，我們緊盯著麵包的動態，看它們上飛機、下飛機，快件發往紅磡，這才安心。畢竟我可是連阿嬤的滷肉都帶回來了，沒道理海關要擋我幾塊無肉的麵包吧！

那天早上，聽到門鈴響起，幾乎是一蹦一跳去開門，從大哥手上接過好沉的箱子，世界麵包就是這樣，每次都被它的重量嚇到。

中午立刻熱一塊發酵奶油軟法來吃，還切上兩片冰川，前一晚知道麵包要來，早備妥草莓和生火腿，一盤令人幸福的食物，配摩卡壺煮的濃咖啡。

睽違多年，再次嚐到Y的麵包，覺得她的手藝又更純熟了。軟法其實不軟，頗帶嚼勁，因爲你知道任何讓麵包不自然地維持鬆軟的添加物，她都沒加；每咬一口，發酵奶油、自養酵母的香氣在齒間細細滲出，風味充足。冰川更不用說，我向來被麵包體的彈牙驚艷，吃到有莫札瑞拉起司的部分總是特別快樂。

沒想搬來香港，隔著一片海，還能吃到世界麵包。我吃世界麵包，不只是享用某種食物，更是吃Y作爲麵包師的堅持，吃她哲學背景出身的所思所想。在香港要買到美味的麵包何其容易，但是它們都不如世界麵包被注入一個地方職人的靈魂。Y知道我能透過品嚐麵包讀懂她的心思，想方設法爲我送來，我懷抱感恩專注地吃世界麵包，這是一種善的循環。

席 Motorino

平常吃披薩的時候，可能會爲了節省胃腹空間而捨棄一些邊邊。

那天在灣仔的Motorino，正逢將要開始的飲食控制計畫前夕，特地挑選道地的拿坡里薄餅店，放飛自我、澱粉不忌，盡情咀嚼品嚐麵團的焦香、麥香，直到吃不下爲止。

我們點的口味是Porchetta，是一種義式烤豬肉，但是披薩以此命名，完全不知道長什麼樣子。

上桌時，有點驚訝它看起來味道平淡，實則滋味相當豐富，橄欖油的青草香、蒜片的辛氣、豬五花的鹹鮮、奧勒岡的芬芳，還有橄欖偶爾滾進來的醃漬味，碰觸到瑞可達起司的冰涼，全都融合得很好，毫不無聊。

雖然嗜辣的我，還是向侍者要來辣油和辣椒碎給麵餅提味，但的確是一款吃原味也很美妙的披薩。有好好被療癒到呢。

MOTORIN

席 Neighborhood

這幾年有幾頓難忘又盡興的餐飯是在這裡吃到的。

是夜來到 Neighborhood，主廚 David 說：「菜色都幫你們安排好了。」結果是那種把大家撐破肚皮還打包外帶的安排。

從幾個開胃小菜到後來好些大盤菜，加總起來也吃了十道吧，其中我很喜歡的都是那種看來平凡無奇、沒什麼花招，卻直接在舌頭上給你一記重擊。

鐵盤端上來，四條黑亮的小魚，四瓣檸檬，一小盅白色醬料，沒了。出現在眼前的食材不超過五根手指頭，就是這樣的料理才可怕。

這魚叫泥鯭，藍子魚的一種，又俗稱臭肚，是香港常見的淺海魚，同行友人說許多釣客都在港邊釣這個，可見並不珍稀。小隻的叫泥鯭仔，肉質比養大的好太多，David 把它拿來用香草煙燻。

不得了，魚皮雖薄，卻韌得像防水布，怎麼切都撕不破。作用也像防水材質的布料，一旦染上味道，絕對緊緊鎖住，無法揮散，因此魚皮飽吸燻味，是直衝腦門的驚喜，魚肉則細細嫩嫩，甜美無比，擠點檸檬汁就好吃。

一條小魚我吃了十幾分鐘，骨架四散，沒把肉剔乾淨，不想讓服務生收盤子。

這道菜完美說明 David 的烹飪理念，之前採訪他時，他說自己懶，「想花最小的力氣做到最好的 Impact。」在我看來這一點都不懶，花的力氣也不小，只能說是取徑不同，把精力投注在風味上，裝飾和擺盤其次，不夠 IGable 無所謂。

其餘也很喜歡的，還有章魚做的肉醬拌入手工通心麵 Garganelli，十足家常感，搭配一杯濃到像在「吃」它的馬賽魚湯，就不提那鮮的聚合有多美妙，因爲我無話可說，也喜歡杯緣沒擦拭乾淨的小細節，好自在。

晚餐吃到最後，David 端著一杯酒過來，已經喝到臉紅通通，看起來很放鬆。

連續好幾個月，香港的晚市禁堂食，Neighborhood 索性閉門裝修，直到終於可以營業，他卻說：「我原本以爲不做生意會很無聊，沒想到多了很多時間可以做其他事，現在反而不想開門。」順便秀一下他最近新買的烤爐，玩得很開心。

簡直是小朋友暑假放完不想要開學的發言！

覺得主廚能享受生活很好，但作爲想繼續來吃飯的客人，並不想鼓勵老闆不開門，於是建議他可以學學台南人，一個禮拜開業兩天，做興趣也好。Neighborhood 那陣子拿到「亞洲五十最佳餐廳」第九名，David 也獲得「主廚之選」的特別獎項，我說應該很多人想來訂位吃飯吧，他一貫語調低低地說：「這不是好事。」

我沒問爲什麼不好，畢竟答案明顯，他想低調，有時間過自己的日子，做菜給懂的人吃。

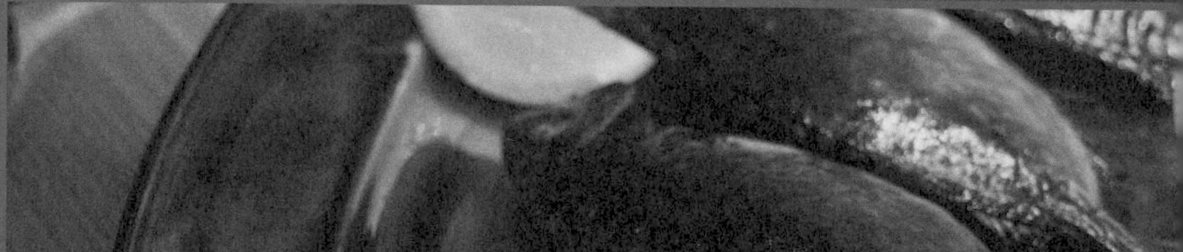

席 口利福

不時和廚師朋友 David 講起，要一塊兒去吃前任主廚 Jowett 離開後的新版口利福（Ho Lee Fook），時間兜了大半年，總算約好一桌四人成行。

新上任的主廚亞陳（ArChan）菜很好，既延續 Jowett 爲口利福設定的新潮怪趣，又多一分女廚的細膩。燒味菜色誘人，特別推出新的燒鴨（Ho Lee Duck），要七十二小時前預定。我呢，拍胸脯向 David 保證會訂一隻鴨，結果水星逆行期間腦袋進水多忘事，直到用餐前天下午才想起來，慌忙打電話給餐廳，求他們賞我一隻鴨，亞陳主廚神通，眞的生出一隻。好孩子別學，上餐廳吃飯還是盡量照人家規矩來呀。

幸好有厚臉皮求人，一鴨三吃美極。薄脆鴨皮帶煙燻味，與黃瓜、醃菜和醬料裹在薄且韌的餅皮裡，順順地便能吃掉三捲；鴨胸另外厚切，浸在滷水裡和蔥絲呈上，肉質柔嫩得驚人，好像與前面那盤脆皮不是同一隻鴨；剩餘邊角碎肉、肥油細拆，添上 XO 醬炒成鑊氣十足的一盤麵，但肉看起來還是比麵多，我們進門前在開放式廚房裡瞥見那隻鴨，體型確實壯碩，沒想到壯成這麼大份量。

其餘菜色讓亞陳主廚發辦，不曉得對我們這桌的食量有什麼誤會，菜一直來，讓人吃到怕。椒鹽鮮魷炸得乾爽涮嘴，差點想要一碗白飯；小炒王每樣食材處理得宜，喜歡銀魚仔另外炸過增添口感，是別出心裁的一手；最驚艷的是第一次吃到的黃瓜花，看上去就是一盤「黃瓜小時候」，質地清脆像筍，David 說是潮州菜的食材，鴨脷洲街市常常有，我可能會爲了這個長途跋涉渡海去。

口利福仍像以前一樣用背景歌曲與客人比拚音量，整晚就在扯嗓說話、無止盡塡塞食物中飛逝三小時。講到隔天是《香港澳門米其林指南》在澳門的酒店發布星級名單，David 有受邀卻沒訂船票，患社交恐懼症的人如他在那兒暗自盤算，如果搭不到船，說不定能藉口缺席。吃完飯，大夥走出口利福時已經快要午夜，我們建議他不如現在就前往港澳碼頭。

結果 Neighborhood 在歡呼聲中摘星，是開業好幾年遲來的榮耀，他還是那套白衫搭休閒褲上台領獎，與我們飯局的穿著相去無幾，反正到哪都穿這樣，前晚半夜完全可以直接去坐船。

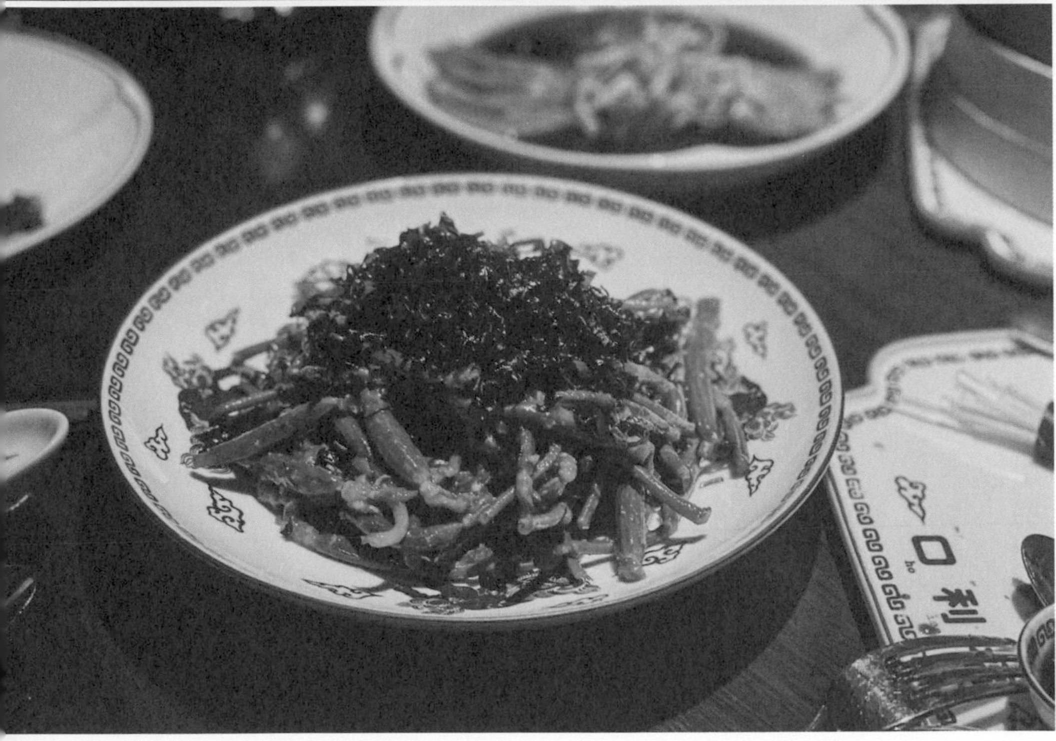
口
利

席 大班樓

在香港這些年，見證一家粵菜餐廳在國際餐飲評鑑的推波助瀾之下，從「傳封訊息便能訂位」的親民，進展到「搶演唱會門票般有錢也未必能獲得一席」的熱門。

有些無法輕鬆吃到大班樓的本地人，難免酸葡萄，認爲知名度是炒作來的，我固然不這麼看待，大班樓確實是一家特別的餐廳，有其實力與創見，在發揚中菜上亦功不可沒；但是吃頓飯嘛，無需拚命，在我對大班樓失去興趣以前，老老實實透過正常管道訂座，有幸造訪幾次，嚐過，知道滋味如何，也就夠了。

許多人詬病大班樓保留座位給熟客、老闆親友，讓尋常百姓一位難求，我想餐廳畢竟不是慈善事業，本有自由決定要怎麼營運，生長到這個年紀，也不覺得靠關係需要被苛責，沒關係可靠，那是我本事不足。

不過，相較於大班樓在二〇二二年底遷至新址的硬體升級，我當然是更偏愛舊址九如坊的家常自在，初次在那裡用餐的感動與驚喜，至今難忘。現在回頭看，大班樓以那樣率性的身段所企及的成就，更是得來不易。

二〇二一年，大班樓歷經開業以來最風光的日子。

年初，《米其林指南香港澳門》公布，大班樓睽違多年重回一星之列。春暖花開的三月，他們不負眾望，站上「亞洲五十最佳餐廳」名單之首。時序入秋，「世界五十最佳餐廳」揮別疫情的沉寂，眾廚再度齊聚一堂，而這間亞洲第一的粵菜餐廳也驚人地躍升世界榜單前十強。

大班樓以傳統粵菜的形式在這些國際評鑑上打響名號，具有指標性的意義，能夠代表中餐突破西方視角，絕對歸功於創辦人葉一南的前瞻思維。

有別於高級粵菜餐廳的菜單上少不了鮑參翅肚等名貴海味，大班樓向來公開直言：「大班樓餐牌上沒有魚翅、海參、燕窩，只因爲我們認爲其他菜式，更加有趣，或者，更加環保。」

姑且不論這是現代保育觀念與傳統飲食文化之間的拉扯，大班樓十多年前便開始堅守的作風，如今符合主流的永續餐飲風氣，也使他們能更順利地將中菜引介給西方世界。採用珍稀價貴的食材入菜，這是東西方皆有的迷思，然而烹飪的眞義應該是無論食材貴賤，都能施展廚師的手藝，又能讓食客體驗美味；此外，許多中菜常用的昂貴材料，西方人往往吃不懂也嚐不慣，與其固執於傳統，不如使用更普世的食材入菜，更能讓不熟悉粵菜的顧客領略中餐的奧妙。

以下幾道菜是我特別喜歡的，同時突顯大班樓的原則——

鹹魚臭豆腐

大班樓所用的臭豆腐是香港本地的「名牌」，出自唯一的女臭豆腐師傅李大姐，採傳統發酵的方式，豆味濃烈。取得體質好的臭豆腐，再經廚師加工，混入鹹魚、馬蹄和芫荽，你大概沒想過一塊臭豆腐在嘴裡能如此千迴百轉，服務人員端到桌邊，還未靠近嗅聞，已感到香氣撲鼻，搭配自家製的辣醬食用，味道繁複誘人。

蜂巢芋泥煙鴨盒

蜂巢芋角是香港傳統點心，餡料一般包含豬肉、香菇、蝦米和菜脯等，各家餐廳酒樓有自己的變化。大班樓則將這道炸點與港式家常菜芋頭油鴨煲的概念結合，內餡改成鴨肉、冬菇、青蔥和馬蹄，包裹著材料的芋泥經過煙燻處理，更顯滋味的層次。搭配少許陳醋食用，則讓明亮的酸香，解開濃郁厚重的口味。外層油炸過的蜂巢麵衣輕盈脆口，對應煙燻芋泥的粉糯，一道所有食材皆質樸的開胃小點，卻帶來豐滿的療癒。

二十年陳鹹檸檬蒸蟶子

蟶子是香港常見的平價海產，除了打邊爐時汆燙著吃，最家常的做法就是蒜蓉粉絲一塊入鍋蒸，品嚐貝類的醇鮮。葉一南恰好在知名的老醬園「大孖醬園」找到二十年的鹹檸檬，一般用於蒸烏頭魚，去腥增味；大班樓這廂則將鹹檸檬剁碎，混在品質好的醬油裡，淋在蟶子和粉絲上蒸製，原本清淡的海味頓時有了突出的刺點，陳年漬物的濃厚旨味在口中如煙花燦放，卻不掩蓋蟶子雅致的味道，碎末狀的鹹檸檬仍保有果皮的彈性，與脆爽的熟貝在口感上相輔相成，而粉絲則是盡責地吸收所有的鹹鮮風華。這道菜的食材組合或許不出五種，卻賦予食客千萬滿足。

雞油花雕蒸花蟹配陳村粉

這道經典粵菜並非大班樓所創，卻成爲人人「到此一遊」的證明——來大班樓，沒銜隻大花蟹上桌，彷彿不曾來過。爲何如此讓人難以忘懷？說穿了，就是一點精良的巧思，在原有的菜色上添加小小的轉折。蒸花蟹時，除了本該以雞油、花雕酒調味，葉一南還加入昆布和蜆的原汁，以此蒸煮出來的花蟹，能不鮮美嗎？最後添入滑嫩的蛋液，將所有汁水整合起來，扒附在陳村粉上。精準乾淨、沒有多餘矯飾的調味，是它十多年來人氣不墜的主因。

此外，大班樓的某些菜色還能讓客人加購「隱藏吃法」。例如榨菜肥牛腩腸煲仔飯，澎湃的一鍋米食上桌，香氣襲來，驚嘆完畢，待侍者分裝一人一碗，埋頭大啖之餘，依然熱燙的瓦煲被端回廚房，沖入濃鮮的蜆湯，將煲底的鍋粑、焦香鏟起，這聰明絕美的湯飯便是額外要求的。或是炭火厚切叉燒，在這叉燒一級戰區，大班樓的叉燒還眞是有記憶點；初次品嚐，單獨食用，每吃幾口必要停下來欣賞一番，後來再訪，特別加點半熟蛋和米飯，拼湊成黯然銷魂飯，確實魂魄都要飛了，蛋汁和豬油裹著鬆爽的香米，再咬一口肥瘦適中柔嫩而帶有煙硝氣息的肉塊——我向來對肉食不抱期待，但可以單純來大班樓吃一份黯然銷魂飯並心滿意足地離開。

服務方面，大班樓的侍者是經年累月的老班底，手腳明快、有問必答，態度和氣但不過分拘泥禮數，菜色咚地端上桌，不多加解釋任何烹調手法、故事，因爲不需要。

他們會勤快地收拾桌面，一旦餐點被享用到近乎見底，碗盤就無法久留，彷彿餐廳的餐具不夠，必須快速回收使用，若想慢條斯理清除盤底的醬汁、碎料，食客都略感壓力。若有大菜需要分切，他們也不來擺盤、擦拭盤面那一套西餐的服務法則，半隻燻鵝幫你剁成方便食用的塊狀，連同飛濺在盤緣的肉屑一塊兒上桌，怎麼不順手抹一下、美觀好看些？何必多事呀，一桌人不消五分鐘總會把菜撥亂。

這種急躁收盤、趕著上菜的風格，在原本樸實無華的環境裡，會忍不住好笑，甚至覺得有些親切，但當餐廳遷往新址，賓客身處陳設花草、藝術畫作與書籍的空間裡，服務本色依舊，不免令人錯亂，而且大部分的菜餚也改爲位上菜的形式，往往前一道還未完結，下一道已經逼至眼前，內外場的工作顯然欠缺溝通，稍嫌可惜。

但話說回來，願意一再造訪的食客或許多半不介意這些用餐體驗上的磕碰，大班樓之所以迷人，也在於種種未臻完美之處，平心而論，相比城裡許多更樂於堆砌儀式感的米其林餐廳，新版的大班樓仍算是能讓人放鬆吃飯的所在。

各大國際餐飲評鑑中，這樣的餐廳是主流——高級優雅的氛圍，無微不至的款待。菜餚美味與否，那本是見仁見智，你或許不一定被大班樓的菜色所虜獲，但不可否認的是，它的確會以一種返樸歸真的姿態，完整而不經矯飾的中餐樣貌，得到西方視角的肯定。

大班樓證明了，中餐不一定要迎合西餐的形式與標準，才稱得上高端餐飲（Fine Dining）。

席 海言

城裡這家名爲「海言」的魚生丼小店，訂位狀況很快變成設鬧鐘搶演唱會門票那樣幾分鐘內完售，我慌慌忙忙搶訂兩個日子，一週內相隔不過幾天，約不同友去吃，覺得自己是魚生丼富翁。

初訪肯定要點海言廚師發辦特上魚生飯，魚料多達十五種，各自經過不同刀法分切、調味處理，排得賞心悅目，碗裡有一座時令花園。師傅指點從下方的魚卵、海膽起頭，途經白肉、光身魚，到浸漬、炙燒的地帶，最後抵達鮪魚中腹和大腹，他手指往我們碗裡頭蜿蜒比劃，畫出一條遊逛這座花園的路徑。

又聽說蒸鮑魚配鮑魚肝醬味濃鮮美，於是點一份和友分著吃。鮑魚本身自然是嫩口帶點彈性，但這碟小菜的靈魂還是在那濃稠的肝醬，連師傅也出聲說記得拿來拌飯，朋友立即向服務生要一支小湯匙，把醬刮得乾乾淨淨。

二訪試試它的江戶前特上散壽司，魚料少一些但也有十二種，倒是多幾樣傳統漬物小菜，其中最喜歡山葵漬過的山藥，微微醒腦又優雅，

而米飯則以薑絲、芝麻、干瓢（漬胡瓜）等調味，所有季節美物盛裝在漆器重箱裡，視覺和滋味都是另種風情。

另外又和友分食一份甘鯛立鱗燒，筷子輕輕一劃就剖成兩口，魚鱗酥酥香香和著蘿蔔泥吞下，胃口立即打開。

主廚言師傅出身香港已歇業的壽司名店見城，過往也在元朗開過其他熱門壽司店，這次接手中環隱密的小鋪位，特別希望在香港動輒上千元港幣的Omakase界走出一條親民的路線，讓大家花費三、四百港幣就能享用廚師發辦的技藝與食材。

雖說相對平價，但用餐體驗和服務品質仍然很優秀。每碗魚生飯皆費時許久處理製作，服務生先招待了熱熱的茶碗蒸和滋味乾淨的沙拉；魚飯吃到尾聲，再端一小杯海帶湯收尾；茶杯稍稍見底也是勤快爲客人添茶。

眞是那種每週吃一次也不覺荷包疼的好餐廳。

火

蝦仁炒筍絲

每次做菜，對我來說都是一項專案，即使只是看似簡單的家常菜，也都是縝密籌備，在腦中運轉所有流程的成果，是與寫作相當的燒腦活動，一旦專案在腦袋裡成形，便必須實際執行才能心安。

有一陣子特別想喝三代同堂蘿蔔雞湯，於是從街市抓來兩副雞架子，午後忙著手邊工作，爐子上同時滾著雞高湯。最後用雞高湯來燉走地雞，放入陳年菜脯、青春菜脯和白蘿蔔——所謂三代同堂——以及活跳文蛤的加持，小小一鍋湯涵蓋海陸食材、發酵製品與新鮮時蔬，湯頭之鮮，已達難以言喻的境界。

既然去了街市，肯定還要買筍，本想單純清炒筍絲，但因爲也弄到生猛的海蝦，便給這道素菜添點葷鮮。取蝦殼煉點蝦油，蝦仁炒到七、八分熟後起鍋，筍絲入鍋與蔥段炒，蝦仁最後再回來混合。筍與蝦，都是清美的滋味。

還想吃肉絲炒干絲，選用豬肉炒，肉量再減些更好。把四塊豆干仔細切成尺寸相近的干絲，是很療癒的事。不過當然沒有比吃它更療癒。

一桌菜看上去都很質樸，材料毫不名貴，卻費盡心思。對先生說，爲了煮這頓晚餐，我多傷腦筋啊！他咂咂嘴回應：「嗯，我想是很值得的。」不知道在說老婆，還是在說晚餐。

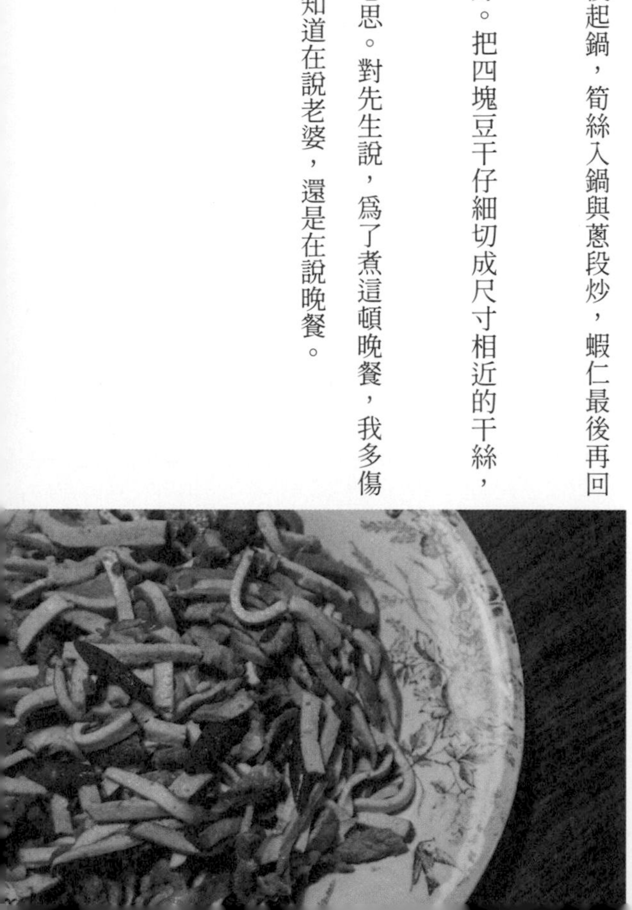

物 上環陳意齋燕窩糕

我眞是與這個酷東西相見恨晚！

好啦，不是酷東西，是老骨頭，一種年歲將要上百的懷舊糕餅。

聽聞上環老餅鋪陳意齋的燕窩糕有名，但以往辦年貨的時候沒特別留意，而且我對燕窩這種養生補品也沒興趣。後來某天又行經陳意齋，想想人家近百年的招牌點心，肯定有厲害之處，還是要嚐嚐才行。

孰料光是拆開看到它的形貌，我就心兒怦怦，心臟要跳出來了，這是我最最最喜歡的那種糕體啊（因爲很喜歡所以要用三個「最」）！

陳意齋的創辦人在一九二〇年代末，從廣東佛山遷居香港並設址上環，瞄準當時的達官貴人在中環看戲難免嘴饞吃零食，於是以名貴的燕窩製成糕點售賣，結果長銷至今。

一如大多數的古早味小食，燕窩糕的成分單純，僅有糕粉、麥芽糖和燕窩碎等，每日現作，大約可室溫存放一星期。

口感近似茯苓糕，買來當天吃最爲鬆軟亦帶有彈勁，隔幾天吃，糕體變得略硬。甜味雅致並不張揚，甚至不需配茶，也能輕鬆嗑完一條。包裝盒上寫著「滋水生津」，我本想是什麼意思？沒想到看似乾柴的糕品，竟眞在喉舌間淡淡地回甘滋潤。我嚐不出燕窩的味道，但這效果八成是它了吧。

包裹每條糕的包裝紙是老派的樸實，白紙紅字向來是經典搭配，不知爲何以此裝束的糕餅總是看起來誘人。可惜外盒設計就顯得美感錯亂。

有時候會想，這種著迷古樸滋味的癮頭，是不是上輩子曾活過那個年代呢？雖然這一世的腦子已經不記得了，但是連結靈魂的身體卻深深印刻著想念。

物 餐桌器物收藏史

有時候，思考晚餐的菜色可能從手上的這只盤子開始。

聽起來有些本末倒置，但家裡那些形形色色的杯盤器皿確實經常是料理的靈感，從它們的紋路、色澤或樣式，進而想像出什麼樣的菜餚適合被盛裝在裡頭，這是迷戀器物所帶來的生活情趣。

話雖如此，之所以無可自拔地收藏餐桌器皿，卻是從下廚這一頭起始的。自從我意識到做菜是日常裡最容易獲得成就感的方法，便時常窩在廚房裡——人生往往徒勞，命運處處無情，事業可能辜負你，情人可能背叛你，但是自己從頭開始烹煮的一碗湯麵，或一碟炒飯，永遠會帶給你回報。

而既然盡心費力研究食譜、上街買菜、洗切備料、開火烹調，忙進忙出地好不容易完成一桌飯菜，那麼好好呈現它才不愧對自己的辛勞，恰當的擺盤不但讓食物的誘人程度大幅提升，更是一種生活風格的養成。選用適宜的器皿便是讓擺盤事半功倍的利器，佛要金裝，人要衣裝，食物要盤子裝，我們畢竟不是米其林主廚，可以把三杯雞擺成 Fine Dining 的樣子，何不讓對的盤器引導你展現菜餚的靈魂。

但什麼是對的？這個問題可說是像極了愛情，十足主觀導向。我的餐桌器物收藏史，自然也經歷過人人都有的北歐家居品牌、再到日式批發，接著漸漸演化成鍾意各式老件，以及愛慕職人手作的獨一無二。一如尋覓人生伴侶，總要揮別許多錯的人，才知道適合自己的是什麼。在不斷挑選、替換或留下的過程中，形塑個人品味，找到心之所向，這應該是各個器物收藏者的必經之路。幾年下來，大致將買盤的預算鎖定在三個方向。

我本就特別心儀具有年代感的物件，買過幾只斑駁缺角的台式骨董盤，旅行時也會特地造訪跳蚤市集或二手古物店，在別人不要的垃圾堆中尋寶。

後來找到販售老盤的臉書社團入口，從此一頭栽入歐洲老盤的「花花世界」，有專人爲你尋貨、整理並辨別來歷，寄到你手中的盤器，不再是單純的生活用品，更像是具有身世的歷史文物，這讓我每次從櫥櫃中挑選餐盤時，都萬分慎重，因爲它們的歲數多半高達幾十年、甚至上百年，面對這些比我還要古老的盤皿，透過日常使用延續它們的壽命，是惜物也是表達敬意的方式。

還有一種類型的器皿，是搬來香港後才接觸到的廣州彩瓷（俗稱廣彩），那是清代作爲通商港口的廣州，爲了海外貿易，特別在白面瓷器上，手工繪製東方風格的圖樣，以銷往西方市場，因此而發展起來的獨特彩瓷文化。無意間得知香港第一家、也是碩果僅存的一家手繪瓷廠「粵東磁廠」，藏在九龍的一座工廈中，於是循線而去。

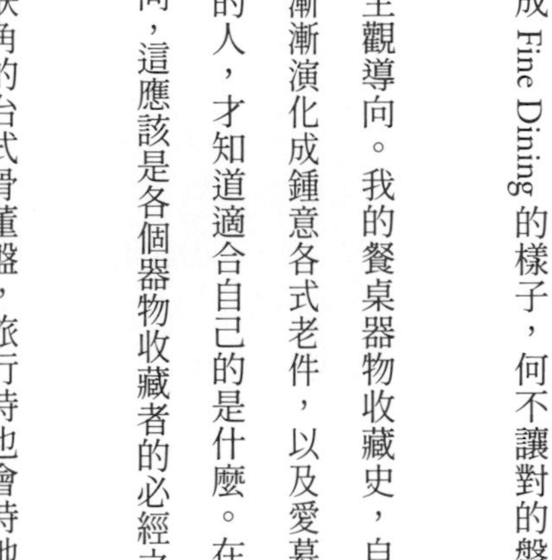

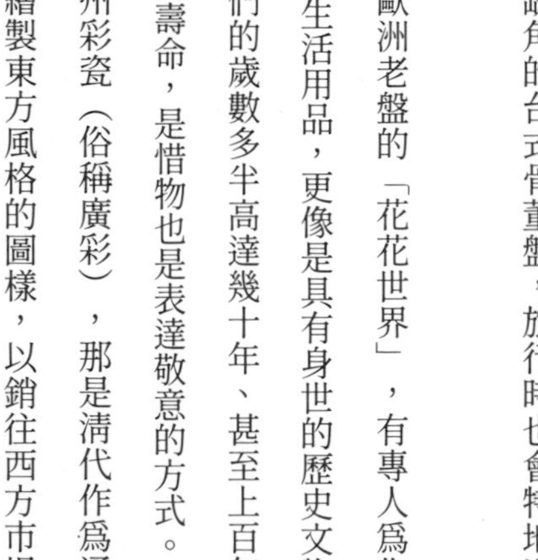

成立於一九二八年，並在一九八六年遷至現址的粵東，占地面積不小，卻實在地塞滿了各式各樣的瓷器，從地板到天花板，以瓷器爲牆，間隔出一條條曲折的小徑。我在時光、灰塵淤積的廠房裡，挑出幾件被繪製於一九八〇年代的器皿——最中意的那一只小圓碟，滿布娟秀的花朵枝葉，是老派的雅致，卻也禁得起現代的審美，我喜歡在吃清粥小菜時，用它盛幾塊豆腐乳，樸實的發酵食品，頓時亮麗。

另一種盤器，也是近年培養起的眼光。上述兩種物件，雖然都歷經時間滄桑，但也身處過量產的廠房，若眞要獲得唯你獨有的器皿，只有投向職人手作陶器一途，保證你購入的那件作品，卽使是同樣的款式，也不會有重複的釉色、紋理和形狀，出現在別人家裡。

香港的製陶風氣盛行，我買了幾個本地工藝師的陶盤，醉心於它們自然純粹的氣質，顏色和造型皆美感實用兼具。亦有居住在沖繩的朋友，見我熱衷添購餐桌用品，寄來幾只出自當地陶藝師的碗盤，帶有奔放的海洋性格，我在使用時，得以遙想友人遠方的生活。

之所以發展出這三種偏好，是因爲深知自己容易厭膩單一的風格，我的餐桌景色，必須不時變換調性，我愛戀華麗的花盤，也著迷樸素的陶缽；有時亦是爲了整體搭配，讓畫面有重點，有喘息，而斟酌混合不同文化背景的器具，效果經常出奇地和諧。

誰知道呢？或許我會長出第四種傾向，畢竟收集食器這條路，沒有盡頭。

火

小酒館在家開張

發現感覺實用的食譜，就想實際做做看。

日式烤牛肉

看到住在日本的煮婦芝芝分享日式烤牛肉的作法，步驟簡單，也不像我在聖誕節做的英式烤牛肉，很麻煩地需要事先鹽滷，肉塊不壯碩的話，甚至一小時左右就能完成。所謂家常的日式烤牛肉，其實是封煎加上泡滷，根本不用烤箱，泡滷這種低溫加熱的方式，也能讓肉質免於乾柴。

我買的牛柳（Tenderloin）重達六百公克，爲了讓它均勻加熱，稍微用棉繩綁著固型，鐵鍋燒熱將肉塊煎至每面上色後，泡入燒滾的滷水中。滷水由日式高湯、醬油和味醂組成，日式高湯的份量以能完全淹沒肉塊爲準，醬油與味醂的比例爲一比一。

像這塊又厚又重的牛柳，浸入滷水後，最好還是保持微火小滾五分鐘再關火，熄火後加蓋燜上半小時。想吃粉嫩的五分熟，肉塊中心達攝氏六十度便可取出靜置，想要再更熟，就泡久一點。

泡完肉的滷水好用，別扔，舀幾杓回煎鍋加熱，把鍋內殘存的油脂、香氣都刮起來，我另外倒點紅酒、放一小把芫荽花，煮滾收縮後就是現成的醬汁。

除了淋上肉汁，蘸點英式芥末也美味。

溏心蛋與優格芥末醬、芫荽花

向素食食材雜貨店（註）訂購香港本地鴻日農場的無毒蔬菜箱，使我腦波弱下單的就是那個「芫荽花」。

註——VEGGIE LABO是專營日本蔬食食材的雜貨店，他們偶爾也與本地農場合作推出蔬果箱，並開設料理課教授民眾製作純素的日本料理。

我很愛吃芫荽（香菜），但從來不知道芫荽花長什麼樣，原來如此細小優美。我們平常吃的是芫荽葉，一旦它準備開花結籽，葉片就會縮成美麗的針狀。取貨時，老闆娘特地介紹，芫荽長到這個階段，葉、花和籽，味道各有不同，非常有趣。

既然是一道以花爲起點所發想的菜，那直覺想參考日本料理家渡邊有子的《花與料理》這本書，她在「二月二十一日」的食譜中，以油菜花搭配水煮蛋和優格芥末醬。太好了，我完全可以照搬這份食譜，把油菜花換成芫荽花卽可。

事先取出雞蛋退冰至常溫，滾水煮六、七分鐘，沖冷水剝殼後，就是熟度完美的溏心蛋。舀兩大舀匙希臘優格，一大匙橄欖油，一匙第戎芥末籽，一小匙英式芥末，

混合後以少許鹽調整味道。

醬料鋪底，放上切半的雞蛋，再擺上芫荽花，美妙！

醋漬甜椒

鴻日農場的蔬菜箱裡，還有幾顆小巧可愛的甜椒，我結合食材雜貨店與料理家飛田和緒的《常備菜》食譜，做一個無糖版本的香料醋漬甜椒。

醃漬甜椒的原理是以油醋封存濃郁的滋味，要使甜椒味道濃縮，必須烤到外皮焦黑、逼出水分。很多煮婦可能跨不過把食物燒焦的心檻，但碳黑的皮必須被撕掉啦！沒有致癌的問題。

冷卻剝除外皮後，切成適口尺寸，放入乾淨的密封盒，撒落喜歡的香料，倒兩大匙特級初榨橄欖油和一小匙酒醋，靜置半小時以上便能食用，隔天再吃更入味。

趁著假期，做這樣一桌小酒館的菜色，開一瓶朋友不小心滯留我們家的紅酒。

原本以爲小鳥胃的先生會說吃不完，結果竟然秋風掃落葉，甚至加熱兩塊吐司，把烤牛肉和甜椒夾進去，自製成三明治。

只需要洗盤子，毋須煩惱剩菜，最讓人心滿意足。

火

鮭魚茶泡飯

外食的情況增加，就會想喘息吃點最純粹的食物。沒來由地饞茶泡飯，於是洗米讓電鍋蒸，飯煮好後在瓦斯爐上架金網烤兩片鹽鮭魚，烤得皮酥酥，鹽粒都浮出來。

沏壺煎茶，顆粒分明的米飯盛碗，栽一叢紫蘇鹽昆布，另外裝一缽汆燙的小松菜，淋上自釀半年的梅味噌，鮭魚擱在美盤上。

自製的鹽烤鮭魚茶泡飯定食完成。跟先生說，我這餐省一百三十港幣，香港的文青咖啡店賣一套差不多是這個價錢。

覺得日本人眞是好厲害的民族，簡單而乾淨的食材組合讓人吃得身心通透，整個下午都精神飽滿。

我　運氣很差的度假

連假頭兩天，決定去大坑住一晚。說是決定，其實也有點不得不，那幾年若想在長假期間躲到漁村小島，至少得三個月前開始規劃，我們設想得晚，若不是找間高級飯店躺著當廢物，就是尋覓有特色的社區，嘗試過一下別人的生活。

大坑離我們住的紅磡不遠，跨海後就在銅鑼灣旁，自成獨立的一區，氛圍截然不同，頗有台北民生社區的氣質，但更原始一點，髒一點、亂一點，姑且說是港式的文青風格吧。

在城市裡度假，也沒什麼其他事情好做，吃飯、喝酒是重頭戲，爲了找到合意的去處，我幾乎把全區的餐廳、酒吧翻遍，卻還是誤信網路評價，而挑到一間令人失望的餐館。有時候我眞是不明白，香港人到底

是懂吃還是不懂吃，明明是很國際化的都市，一般民衆對於西餐的理解，特別是中價位的範圍，標準往往令人匪夷所思。

在晚餐上栽跟頭，我和先生吃完立刻結帳落荒而逃，走回飯店附近找地方喝一杯，結果又不幸選到一間調酒很糟糕的餐酒館，喝了幾口難以下嚥，馬上付錢走人，再換一家。到後來已經不願去想我們到底是怎麼來到這步田地的，索性放寬心把這晚的主題訂爲「運氣很差的度假」。

當然也不全是倒楣的體驗。入住的這間公寓式酒店一如預期，儘管空間不大，但是乾淨舒適、設備齊全。下榻後，肚子有些空虛，距離晚餐仍有段時間，便在酒店對面的義式餐酒館，揀一個戶外座位，吹下午的涼風，喝點小酒，填幾道下酒菜，酒和菜都好，預先彌補晚餐的心靈受創。隔天睡醒後，則在一間油煙味有點重的咖啡館裡，吃到擺盤很凌亂但相當美味的鬆餅（懷疑餐盤裡的芝麻葉根本是被廚師亂丟上去的）。

看似苦樂參半的假期，到頭來都是美好的，我和先生結伴快樂出門，平安回家，好的、壞的，一起經歷。事後回想，這趟旅行有著高低起伏，雖然平淡卻沒有無聊的時刻。運氣很差的度假，因爲懂得轉念又相處和樂的伴侶，仍有著盡興的結局。

我 泰盧固的新年

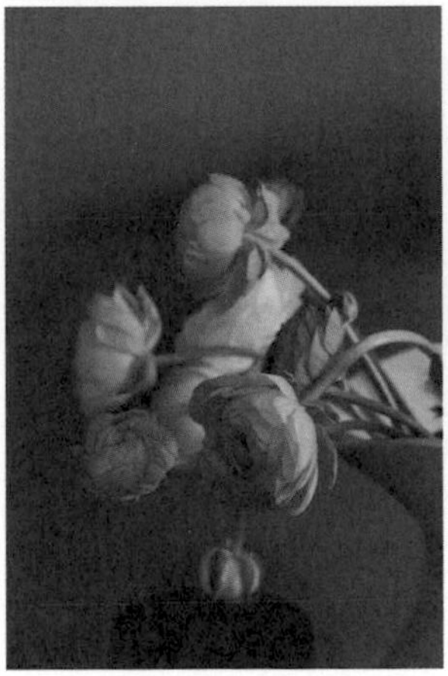

用圓潤厚實的骨董水壺零散地插幾支小牡丹，請出小小的象神在一旁。遇上南印度的新年 Ugadi，我前一晚才被先生告知，隔天只好買一束花這樣簡單布置。

秋天慶祝的排燈節（Diwali）是全印度的新年，是光的節日，Ugadi 的意義則僅限南印度的幾個邦，Ugadi 又稱爲 Yugadi，Yuga 是時間、歲月的意思，Adi 是開端，所以 Ugadi 就是讚頌「新年歲的開端」（The beginning of a new age）。

Ugadi 的日子也是依印度教的陰曆而訂，一般落於公曆的三月底、四月初，另一個推算的方法是，春分點後的第一個新月日期，就是 Ugadi。毫無疑問地，這是個擁抱春天，祈求來年好運、播種順利的節慶。

傳統上，慶祝 Ugadi 要做的事與大部分的新年差不多，灑掃庭除、穿戴新衣，人們會用芒果葉和花圈妝點家裡，準備各種甜食點心包含生芒果和椰子。有些人會在這天食用印度苦楝樹的葉子，

因爲 Ugadi 不只是春天的開始，也意味著初夏很快到來，溽夏多疾，苦楝樹的葉子可增強免疫力。

關於 Ugadi 的習俗，當然都是自己上網搜來的，向來不怎麼在意這些大大小小節慶的先生，通常只會簡短地說：「這是我們泰盧固人的新年。」泰盧固（Telugu）是南印度最主要的民族之一。

日子忙碌，沒力氣好好幫他過一個（對我來說）突然冒出來的新年，插一瓶有春天感的花，平靜地謝謝象神護祐，當晚叫幾道印度素食外賣來吃，也算是心意到了。

郭錦記餅
棋子餅
豬籠餅
老婆餅
老公餅
光酥餅
合桃酥
芝麻餅
豆沙角
嚤囉酥
香蕉糕
馳名平安包

SEA

經營：酒樓/酒店用具，刀剪
SOLINGEN
Made in Germany
100%
陳枝記老刀莊有限公司
CHAN CHI KEE CUTLERY CO., LTD.
香港曲
TAXI
5 SEATS
NN 5753

興記煲仔飯
TAXI
UY 2634
JY 778

長夏

火

筍片生火腿

筍片疊生火腿已經成爲我的夏日定番菜。

想想我現在是一個四季時時饞筍、做各種筍料理的人，曾經拿竹筍很沒辦法。住在台北的時候，有次心血來潮從超市買一根筍回家，不會處理，埋頭在廚房裡苦幹，層層脫殼，一條碩大的筍被我剝到快要消失，僅剩的少少筍肉，亦苦得要命。陰影很深。在文山區木柵路上住了六年，每逢夏季，公車站旁的機車行門口，都會豎著一塊牌子，寫著「綠竹筍」，籃籃新鮮漂亮的筍擱在一邊。早晨我趕著上班，總看著眼紅，巴望那些年，就是從來沒買過，如今悔不當初。

現在唯一的筍源，是紅磡街市裡的那攤大叔菜販，新鮮度十分碰運氣，綠頭的筍更是占大部分，每次都挑得氣餒。有時去，整堆的筍底全發黑，照理說不該買，但又好想吃，硬是挑幾支頭頂未出青的（青頭是苦筍，請閃避），回家速速把它們蒸熟。

過往不懂得買筍又會把筍剝到變不見的煮婦，幾年內終於練就挑筍的眼光——底部白嫩水潤，身形肥大，筍頭彎彎未泛青色，這些是好筍的必要條件。買來後盡快殺青很重要，水煮、蒸煮皆可，不過蒸煮更耐放。處理筍也知技巧了，筍身縱切一刀，剝除兩、三層便該適可而止，筍頭切掉，再細細修飾筍身纖維較多的表皮，摸摸筍底，多半已經觸感粗糙，果斷地把它修掉。我喜歡那種摸遍筍肉全身沒一處雜質的幼嫩感，像在摸嬰兒的皮膚。

說起來是費事的蔬菜，但每年都要不厭其煩吃上幾回，這是補償年輕不懂事的自己的方式。

買到這批筍，不知被大叔放了幾日，新鮮度不足，風味淡薄，配帕瑪火腿、淋橄欖油吃，鹹鮮味把筍肉僅剩的甜蜜逼出。沒有一級的食材，難免無奈，還好有一級的吃法來拯救。

火

胭脂酸白菜鍋

與兩位女朋友再度於舒服的初夏夜晚相約吃酸白菜鍋，說不定這會成爲每年的換季儀式？

吃酸白菜鍋，我倒是已經有固定的備料習慣，蔬菜、豆腐、肉片和海鮮，像是這桌唯一的火鍋料只有蛋餃，以原型食物爲主。

湯底只用豬肉片與酸白菜炒過，加入兌水的濃雞湯和滷水，滋味酸鮮好舒服，吃完整桌料也不感覺身體負擔沉重。

感謝台灣的胭脂食品社有這麼棒的天然醃漬酸白菜，還能寄到香港來。

有朋來吃鍋，可以擺整桌，趁機派出幾只日前採購的新盤子上場，九谷青郊窯的盛皿裝滿當日買回來的海鮮，視覺上便豐盛了起來。

當時思量半天，挑了好幾個盤無法割捨，又猶豫是否湊到免運費的金額。幸好最後還是買好買滿，過不久收到網站來信，因應國際運費物資上漲，往後寄送香港的運費增加，免運門檻也大幅提高。

這輩子大概永遠無法擺脫口腹之欲，也沒辦法斷捨離吧。

火

梅子番茄冷麵

遭逢酷暑快要熱瘋的時候，這碗番茄冷麵可以解救你。

在《紐約時報》上看到美食專欄作者 Eric Kim 分享的櫻桃蘿蔔番茄冷麵食譜，韓裔背景的他，從韓式料理的黃瓜冷湯（Oi naengguk）發想這道素麵食，但把鮮味來源從黃瓜替換成小番茄。光是看那段做菜的影片，就覺得體感溫度下降攝氏五度，除了櫻桃蘿蔔不是唾手可得，其他食材都不麻煩，冰箱裡搜一搜、替代一下便能找齊，立刻做一頓免開伙的清涼午餐。

從冰箱裡清出三粒放有點久的日本番茄，切塊落鹽讓它汨出更多水分，那些汁水就是這碗冷湯的鮮味基底。

原食譜用細細的素麵，我避免吃精緻澱粉，所以用熱水泡開三球蒟蒻麵，再端到水龍頭下給它沖涼，並洗去蒟蒻特有的草腥味。

醬汁大致依照食譜的配方，加入蒜泥、米醋、醬油、麻油和烤芝麻，原本他還放了一小匙第戎芥末，我換成紫蘇梅辣醬，再順手壓碎一顆梅干肉拌進去，所有調味料與番茄拌勻，倒兩杯水稀釋，扔幾顆冰塊降溫，冷湯完成。

拿個視覺看來涼爽的玻璃碗，放好蒟蒻麵，冷湯一杓一杓舀入，再撒一把斜蔥花，看著這碗成品，已感覺好消暑。本來想三球麵似乎份量有點多，一度擔憂吃不完，結果酸辣的湯水太開胃，麵條順順地全溜進肚子裡，剩下一大碗湯，甚至考慮是不是該多燙幾球麵，還是忍住。

沒放櫻桃蘿蔔，雖然同樣美味，但終究少一種口感層次。下次做，切些黃瓜薄片似乎也不錯。

火

自製塔可

自己在家做 Taco。

朋友要離開香港幾個月，於是約來家裡吃飯爲她送行。自從看型男廚師索艾克直播教學自製玉米餅塔可，我心念許多年，直到向「私處 my place」訂購專門壓製麵餅的 Tortilla Press，頓時覺得萬事具備，只欠約人。

第一次做塔可，想挑戰最傳統的手撕豬（Pulled Pork）餡料，上網查閱幾份食譜，看起來不難，就是一大塊肉泡在醬汁裡慢煮再把它撕成條狀，重點是肉的品質要好，可不能腥臊。

做這種燉肉料理，我向來是去紅磡街市的華記農場肉攤買本地豬。說來也是巧妙，就在我一心想著手撕豬與塔可時，先生恰好在家樓下的茶餐廳認識了一位販售本地豬的肉商，對方顯得年輕有爲，而且英文又足夠流暢能對先生解釋他的事業，他說自己就住在附近，往後如果我們需要豬肉，只要告訴他部位與份量，都可以幫忙送來。

到底是我心想事成的念力強大，還是我眞找到一個很實用的老公，想要一塊好豬肉，就給我弄來好豬肉。

做手撕豬，一般建議用豬肩肉，這個部位活動量大偏瘦，又帶點油脂，適合長時間慢煮而不會過於乾柴。大哥送來的這塊豬肩肉足足一公斤重，氣味很乾淨，稍微擦乾就能調理。給肉肉全身均勻塗抹香料鹽，放進冰箱醃製一晚。

隔天下午，拿出厚重的鑄鐵鍋，把事先取出冰箱放置回溫的肉塊全面煎上色，開一罐淡啤酒倒進鍋內，差不多淹到肉身一半，燒滾後蓋鍋轉小火慢煮三小時，期間適時補充啤酒以免燒乾。

大部分食譜會建議送進烤箱低溫慢烤，如此一來醬汁不太容易蒸發，受熱也更均勻，但像我家的烤箱沒有大到能塞進一個厚重的鑄鐵鍋，放爐子上煮也行。三小時過去，開蓋再燉半小時左右把醬汁收得濃稠，取出肉塊靜置一陣子，便能開始撕肉。

燉肉的時候，是瓦斯爐在用功，身爲人類實在沒什麼要做的，此時準備塔可的醬料正好，於是趁機做番茄莎莎（Salsa）和酪梨醬（Guacamole），另外依照索艾克的食譜做海鮮塔可的餡料，並把玉米餅的麵團揉好。

我忙進忙出搞得腰酸背痛的同時，先生倒沒閒著，這晚他也要出一道拿手的 BBQ 肋排，豬販大哥爲他送來的豬肋排份量更是多到塞爆冰箱，我們家簡直豬肉富翁。

材料備齊，把「大人的鐵板」(註) 扛出來，朋友快手把麵團揉小球，先生負責壓扁，說：「棕皮膚的手在這裡壓餅，太刻板印象了啦！」我忙著拍照沒空回嘴，本來想嗆他墨西哥的大嬸都用手拍一拍餅就壓好了，哪需要器具幫忙。

註——「大人的鐵板」是由日本燕三条精製的鐵鍋品牌，四點五公厘的厚度能讓食材均勻受熱，被譽為烹調肉品的神器，往往現貨難求。

一塊塊圓餅扔上鐵板烙得噴香，趁著餅還溫熱夾入一把手撕豬肉、淋醬料，再放點香菜、鳳梨和櫻桃蘿蔔，週末需要如此的療癒。餅在烙烤的時候，手口不必閒著，探向先生做的烤肋排，這叫充分利用時間。

那天晚上，我們在朋友啟程離港前，先一起遠遊美洲的餐桌。

火

坦都里烤肋排

我很想把肉販大哥送的豬肋排清出冷凍庫，懶散的煮婦評估拿來燉湯或許可行，把這想法說給先生聽，他驚駭地答：「那麼好的肉，你拿來煮湯？！」

怎麼了嗎？煮湯也需要好肉啊！眞是不懂湯的精神耶。

但畢竟肉是先生弄來的，我要尊重他的意願，隨口說：「不然你這次烤個坦都里肋排吧。」

說個不太重要的小知識，我們去印度餐廳通常不會看到豬肉料理，印度教信仰除了忌食牛，還避免吃豬，倒不是豬也神聖，而是認爲豬不潔。所以用印度香料烤豬肋排，絕對是突發奇想或不受飲食戒律的人才會做的事。雖說不常見，上網搜搜食譜還是有的，烹調原理與烤雞腿相去亦不遠。以優格爲基底，磨些薑泥、蒜泥，倒入各種粉狀香料，攪拌均勻成醃料，細細抹在肋排上醃製，用氣炸鍋或烤箱烹調都可以。

先生處理肉，我負責生一盤沙拉，拆一包京都水菜洗淨切段，取平底鍋把舞菇煎得焦香，切半顆水蜜桃，撕些生火腿，材料混合妥當，淋上椪醋和菜籽油做的沙拉汁，磨點黑胡椒就成。

用坦都里的醃料烤肋排眞是好主意，理想上如果醃製一晚再烤會更入味，肉質也更保水，但先生調的味道眞是好，沒有特別愛吃肋排的我，抗拒不了一支接一支。沙拉看似份量驚人，但配著重口的肉塊吃，清清爽爽的，最後也是一片葉都不剩。

廚房向來是我個人的小王國，我是統御王國的獨裁者，由於空間窄小，多半不讓人插手協助的；唯有先生心血來潮想做菜的時候，我才願意讓賢，退居二位擔任準備配菜的職務。這樣的情況不常發生，但我很喜歡有他一起治理我們的餐食天下。

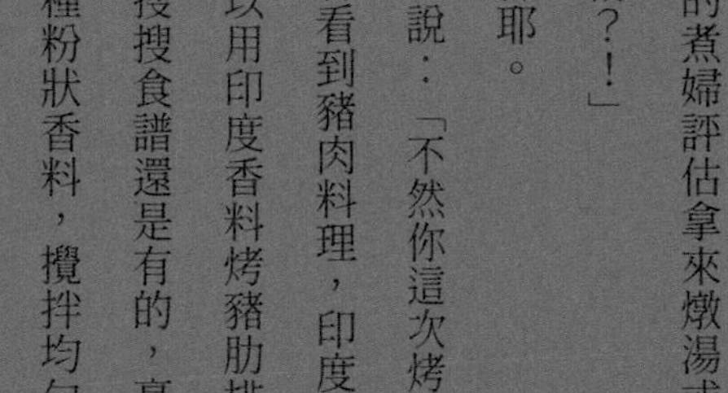

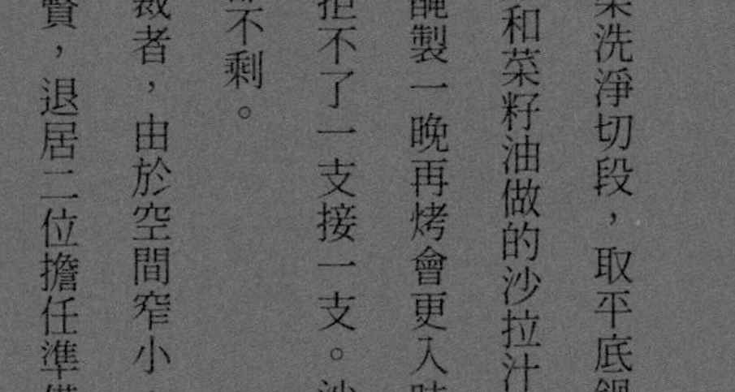

物

端午粽與長洲平安包

那年端午很省心，不像前年費事跑去銅鑼灣的老店買上海粽，只於過節前夕在超市隨意挑了一鹹一甜的台灣粽，看起來應該是仿照南部粽的作法，我是吃外婆的北部粽長大，但既然人不在家，沒魚，蝦也好。

另外向朋友領來幾粒自己綁的港粽，她直說第一次包，造型不完美，吃到有肉的像抽獎，因爲有的葉子太小片，包不了那麼多餡料，我卻覺得歪歪斜斜的粽子很可愛，而且從友人那兒獲得親手包裹的粽，更有被節慶澱粉療癒的感覺。

吃粽子是一種印痕作用，從小被餵養什麼家常口味，就此認定它，沒有任何一款市售粽子能完美複製阿嬤的味道，這是在外遊子過節的艱難。南粽、北粽向來不是重點，人在台灣的時候根本不需要自己買粽子。

香港人包的粽子大抵不出廣東粽的範圍，特點是會在鹹粽裡包入豆蓉，朋友的粽子裡有綠豆仁，增添口感，餡料還有五花肉、冬菇、栗子等，以生米包成再煮熟，整體而言滋味清淡，淋上些許東泉辣醬正好，讓港台的飲食文化在一粒粽子上交會。

既然搬出大蒸籠來加熱粽子，順便也蒸兩顆從長洲帶回來的平安包。

平安包又稱幽包，顧名思義是給好兄弟吃的。長洲每年在佛誕日進行著名的太平清醮，結束後便舉行「搶包山」比賽，近年由於政府介入，開始用仿眞包取代，比賽也漸漸娛樂化爲體育活動，而非漁民祈福的傳統意義，但是島上的知名老餅店郭錦記，作爲往年「搶包山」材料的主要供應商，仍然每天出爐新鮮的平安包。

我和先生去長洲度假，趁著退房前還有時間，鑽進小巷子裡找到位置不那麼熱鬧的郭錦記，顧店的老婆婆只說廣東話，於是我對她比手畫腳、夾雜普通話，購得兩個白拋拋的平安包、一份大光酥餅和兩粒蛋塔。

平安包上印著朱紅的字樣，除卻辨別口味，更是爲了吃下能保平安。通常這種民俗食物，我沒預期會多麼美味，買來吃僅僅爲體驗在地風俗。的確包體非常鬆軟，又帶點彈勁，但餡料比例相當少，我啃完裹有餡料的部分，剩餘的包體約莫可以再湊成一顆包子。

選了豆沙和麻蓉兩味，本想買備受推薦的蓮蓉，但婆婆說售罄，所以換成麻蓉。豆沙就是豆沙，沒什麼驚喜；麻蓉是最傳統的口味，卻不是我以爲的黑芝麻，而是白芝麻混合一些粉做成類似麻糬的質地。相傳舊時長洲遭瘟疫侵襲，所以居民便以砂糖、糕粉、水和芝麻等廉價食材製餡，用以餵飽鬼神。

眞是一顆裡裡外外都在趨吉避凶的包子呢，我選在端午節吃，似乎也挺合適的嘛。

火

沙丁魚海蘆筍野菇義大利麵

在日本超市遇到海蘆筍，心情振奮，幾年前還住台北的時候曾在全聯買過一次，從此再也沒看過。

雖然名為海蘆筍，但與蘆筍可沒有血緣，它是一種栽植於濱海地區的食用植物，形狀倒是神似珊瑚，但若取名「海珊瑚」恐怕邏輯詭異。

海蘆筍喝海水長大，自帶鹹味，烹調時可酌量減鹽；此外它遇熱很快褪色變黑，也不耐炒，因此在煮食尾聲加入較為理想。

海蘆筍的鹹鮮與菇類的土地氣息很合拍，和在一起炒義大利麵，滋味豐腴。於是把三朵嫩嘟嘟的松本茸切厚片，又突然想到食材櫃裡積囤的葡萄牙沙丁魚罐頭，便先揀兩、三尾小魚入鍋炒香，再扔菇片，大火烘出焦香；同時間另一爐子上翻滾著一小把細扁麵，計時器聲響前，舀幾杓煮麵水到炒鍋裡乳化油脂形成醬汁。

麵條柔順地溜入鍋中，沾裹汁水與食材的鮮味，大約起鍋前三十秒再放入海蘆筍拌炒，隨意磨點胡椒，盛盤後淋些橄欖油。

這盤麵已稱得上豐盛午餐，但罐頭開了保存麻煩，索性搭配醃肉、酸豆組隊成小酒館的開胃菜，然而工作日喝酒不太道德，倒杯冷釀咖啡足以盡興。

用義大利麵條來做一道料理，最後的命名總不能撇除「義大利」三個字，但這款麵食已經昇華為一種無國界的媒介，能把它做成各種菜系的模樣，遇上少見的食材不知道如何處理，拿來炒成一盤義大利麵，往往行得通。我就是一直這樣「惡搞」義大利麵，而變得滿會煮義大利麵的。

物

粵東磁廠

在暑氣稍散的重陽節，約了友一同造訪粵東磁廠。

是的，香港這樣一個有復活節假期、也有聖誕節的城市，仍過重陽節，如此東西文化並存的行事曆，恰好說明這裡如何在極度西化的發展下，也有往日情懷被保留的空間。重陽節，適合造訪老老舊舊的地方。

香港的工廈裡經常埋存驚喜，可能是個性品牌小店、異國食材專售或是私密特色食肆。因緣際會得知九龍灣的一座工廈裡，藏身香港第一家、亦是碩果僅存的手繪瓷廠，對下廚之人而言，餐盤器皿是美化菜色的重要配備，堆滿陳年瓷器的廠房，想來就是餐具控的聖地。

談粵東，得先提廣州彩瓷（俗稱廣彩）。歷史課，我們精簡著上——作爲清代通商口岸的廣州，聚集不少熱愛訂購中國瓷器的洋商，廣

州的瓷器業者腦筋動得快，從江西景德鎮購入白瓷，並在廣州加工繪製，結合國畫與西方油畫的技法，創造出西方美感融入東方印象的圖樣，以利外銷。隨著二十世紀初中國政局動盪，廣彩的產銷陸續移往香港，這本為中外貿易而催生的產物，正對應了香港的身世與經歷，廣彩因此得以延續壽命，甚至走出更為自由奔放的「港彩」之路。

粵東磁廠成立於一九二八年，那是遠早於香港瓷業起步的三、四〇年代，取用「磁」而非「瓷」，即因前者為古字，可見創辦人惜古的作風。一九八六年，粵東遷至現址，如一尾蛟龍緩緩盤踞深穴，在不起眼的工廈中坐看香港彩瓷業年華老去，自身也成了最後一處出產手繪彩瓷的所在。

午後，我與友乘著轟隆作響的貨倉電梯來到三樓，看似入口處的鐵捲門深鎖，另一側的鐵欄門則讓人瞥得瓷廠一隅，我們朝內「唔該」、「唔該」地大喊，只依稀聽聞動靜，卻不見來人開門。畢竟是九十餘歲的老店頭了啊，要讓它蘇醒得費點工夫。接著發現牆上有門鈴，心中叫蠢，連忙按下，不一會兒鐵捲門上小洞敞開，曹老闆笑嘻嘻地迎了出來。

眼前儒雅書生相的曹老闆，是粵東的第三代傳人，年過七十的他，記憶與粵東幾乎重疊一輩子。我們跟他說，剛才呼喚半天沒人應門。一入內便明白為什麼了。占了工廈三個單位的廠房，滿坑谷的碗碟杯瓶，地板與天花板之間，所見全是瓷器，山重水複的地形，能想見如何阻絕外來的聲響。

難得的公眾假期下午，生意清閒，曹老闆本想提早關門休息，卻有兩女興致勃勃尋來。親切熱情的曹老闆也不以爲意，一區一區給我們嚮導，娓娓道出瓷器的來歷，聽得我自台灣來，直說以前訪台都特地去鶯歌買花瓶，到底是經營一家年歲久遠的瓷器廠，這樣的旅遊行程聽來十分合理。

我們在裡頭翻來揀去，一面驚呼碗盤的手繪紋路細緻，一面留意別撞倒那些令人寸步難行的瓷牆。想要什麼特定的款式，向曹老闆說一聲，他便潛入瓷海，挖掘出土文物一般，埋頭幫你找出來。早年出品的彩瓷，從草稿到上色皆由人手繪製；後來到了七〇至九〇年代初，香港彩瓷業攀上高峰，外國訂單接踵而至，需求暴增的情況下，原來細膩的手工業必須轉型，部分大量製造的瓷器開始採用貼花紙的技術來提升產能，這活請個工讀生便能搞定，資深畫師得以專注於創造精細有神之作，或是處理形色繽紛的客戶訂製。

如今各式彩瓷混雜堆疊，但你一眼能辨別哪件是工藝、哪件是量產，當然青菜、蘿蔔皆有愛慕者，這是粵東的魅力，陳列毫無章法，風格年代不見邏輯，全憑來客地毯式掃描，心手穩健地移山移海，就爲埋藏深處萬碟之下的那只杯、那口碗，如此尋覓心儀物件的歷程，讓人完整浸淫在時間靜止的廠房裡。

我一一撫去瓷器上的塵埃，耳裡聽著曹老闆廣東話與普通話夾雜的獨特口音，挑出幾只造型各異的盤碟，攤在桌上給他認明來歷。曹老闆說它們大多被繪製於一九八〇年代，「年紀都比你還大呢。」也不過大我幾歲吧，感覺像兄姊那樣親近。不就說了，重陽節這天很適合造訪老老舊舊的地方，帶走一些比自己年長並想要善待它們如家人的器物。

後來的紅磡餐桌上，我不時取這些廣彩瓷碟與其他風格的收藏湊合運用，老盤雖老，心胸可開闊，中西餐不拘，只消恰當調度，盛起司火腿、托幾塊豆腐乳，都顯得般配。這不是我擅自解讀廣彩的可能性，如今粵東成了香港本土文化遺產那樣的存在，許多星級餐廳、點心茶樓皆向曹老闆訂製、採購專屬的餐具，任何菜系派別，無一不妥當接應。

器物有靈，粵東磁廠裡的它們都還睡著，等待被召喚。

席 Roots

Fusion 後來變成一種髒話，但 Stephanie 說得沒錯，做融合菜本就是全球化之下必然的結果，人們四處遷移、混血共生，很少有人的成長背景與生活環境是單一文化，廚師透過料理表達自己的生命經歷，勢必會多國元素並陳，如今做傳統菜的人反而是少數。

那年春天採訪到香港 Roots 餐廳（註）的 Stephanie 主廚。Stephanie 在三十二歲才轉行當廚師的故事非常精采，我覺得也是因爲先有其他領域的社會歷練，使她能以犀利的眼光看待餐飲這一行。在原本的金融業做得正旺時轉去完全不相干的跑道，並且只費時一年半就開設自己的餐廳，在我看來實在太努力、太上進，每天只想軟廢的我，永遠不會有這種勇氣，所以我最感共鳴的還是 Stephanie 對食物的熱情。

註——由 Stephanie Wong 主廚所開設的法餐小館 Roots，於二〇二二年夏天宣布結業，開業三年半來，曾入選 Tatler Dining 最佳餐廳獎項，並獲選為二〇二一年亞洲五十最佳餐廳「亞洲之粹」（Essence of Asia），以一位半路出家的廚師而言，她交出的成績單相當亮眼。Stephanie 主廚如今的烹飪旅程轉往線上運作。

像是她之所以研發「蝦多士」這道開胃菜，純粹就是自己愛極蝦多士，「我覺得任何食物都要有那種令人感到興奮的時刻，食物都必須從欲望出發。」的確一想到她的蝦多士，風味平衡又療癒，奢想一次嗑三個。

餐廳只營業到初夏，於是把握最後時光去吃 Stephanie 的菜，北海道干貝塔塔、番薯麵疙瘩與青口都是第一次嚐，尤其喜歡干貝塔塔混入各種醃菜，用炸腐皮盛著吃，合理極了，美味也是當然的。

還有 Stephanie 每天新鮮手作的酸種麵包——「每天都得做，不然它會死掉啊！」好可怕，好像什麼酸種地獄——抹鯷魚奶油醬，或是沾豆豉炒蜆的醬汁都好吃，彼時正執行減醣／糖飲食的我，亦忍不住要吃上兩片。正因爲斤斤計較攝取的澱粉量，才要把額度留給值得吃的食物吧。

席 再訪 Neighborhood

活到這個階段，要在外食的時候感受到身心被好好照顧，已經越來越困難，要不是開銷很高，不然就是得挑傳統庶民的食物，那又以碳水占大宗，吃的當下或許愉悅，但幸福感不長久。對一個大概知道烹飪是怎麼回事的人來說，在外要吃到合理美味的東西不容易，要在味覺上獲得驚喜，那是更加困難。

再次造訪 Neighborhood，還是好喜歡它的反差。端上來一盤樸實無華的菜色，卻可能是令人瞠目結舌的風味炸彈。

例如當天的特別菜色牛肝菌，點餐時，服務生只說「今天有牛肝菌」，我們也沒問怎麼料理，全然相信 David 主廚會把牛肝菌用他認爲最好的方式呈現。菜餚上桌，一貫是 Neighborhood 直率的特色，牛肝菌煎烤得焦脆，被一顆半熟荷包蛋托著，撒點辣粉，完。

看起來不怎麼高深，但就是會吃得掩口驚呼。第一次吃到新鮮的牛肝菌，這是最理想的初體驗。上餐廳就是要這樣，主廚爲你找來幾乎很難以人工種植的野生蕈菇，把菇菌本身獨有的堅果、栗子風味，濃縮再濃縮，精準傳送至食客的味蕾而毫無花俏，你很心甘情願折服。

之前吃過章魚肉醬手捲麵，這次的肉醬換成鯉魚內臟，誰閒來無事想到將鯉魚的內臟做成肉醬，還讓人津津有味？帶有溝槽的手捲麵 Garganelli 緊緊抓住醬汁和細碎的魚內臟，突然你從麵碗裡挖到一塊捲曲富有彈性的白物，問 David 那是什麼？他說：「魚鰾。」應該是我第一次在義麵裡吃到魚鰾吧。

預訂的大菜出場。用餐前一晚，經理特地打來問，「明天有魚，要不要留？」David 是料理海鮮的好手，用不著詢問魚種，先留再說。結果大盤裡盛著一只沉重的魚頭，伴隨幾粒薯仔，視覺形式已透露好吃的端倪。魚頭經過煎烤，封存魚皮的香氣，也更能有效吸附醬汁，醬汁裡用上番茄、橄欖油，頗有點瘋狂水煮魚（Acqua Pazza）的意味。

我們邊吃邊想著，這麼一大條魚，不知魚身去哪兒了？後來服務生解答，David 覺得這魚的魚身滋味不理想，只有魚頭上得了檯面，便把魚身留著自己吃。上餐廳眞的就是要這樣，要能相信主廚爲你下最好的判斷，分辨食材的優劣，過得了自己那關才端出來給客人吃。

飯後，David 讓服務生給我們上一盤水果，簡簡單單地用素雅的陶皿、透亮的冰塊盛來，新鮮連葉，很好看。這種名叫蒲桃的果物是蓮霧的親戚，我剛來香港的時候在旺角花墟附近的小攤買過一次，之後再沒看過，早已忘記味道。

一口咬下，果實中空，碩大的種子在裡頭滾動，口感確實像蓮霧，卻有著驚人的玫瑰水香氣，還以爲端來之前曾經泡在玫瑰水裡呢。David 說蒲桃不常見，果期短，大約夏天兩、三週的時間，他是特別請人找來的，就想讓客人

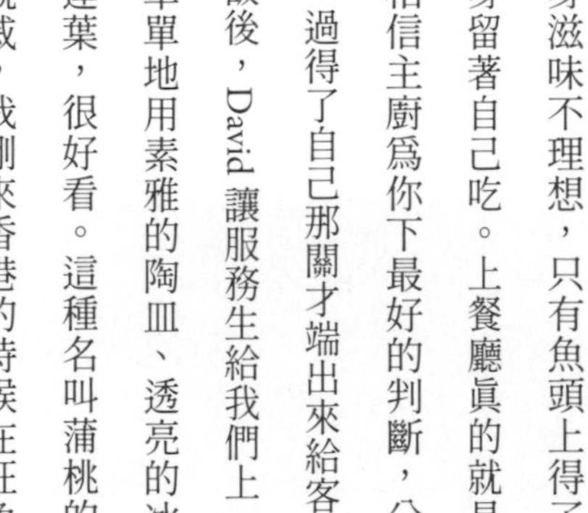

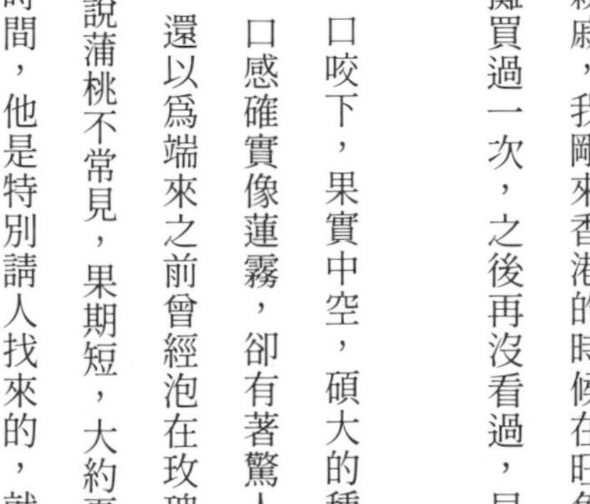

嚐嚐美妙的時令滋味。

許多開餐廳很基本的職業操守，應該是無論價位如何都要盡力做到，可惜很多餐廳往往讓人感受不到廚師的心意，所以我們常常在外吃到沒有靈魂的菜。

平心而論，在Neighborhood消費並不便宜，大概是我們這種受薪階級偶爾犒賞自己一頓的價位，可是你永遠不會感到失望，還心想這錢花得眞是値得。上餐廳絕對是要這樣。

火

油煎牛肝菌

在 Neighborhood 吃到牛肝菌的隔天，我在義大利超市遇到一堆新鮮的牛肝菌。當時仍處於對牛肝菌念念不忘的心情，沒做多想地挑三大朵去結帳，差點被帳單嚇到心臟病發，我眞是吃菇不知菇價。牛肝菌不耐放，必須趁新鮮享用，買回來隔一天中午，立刻挑一朵宰殺。烹煮前先幫它們好好拍張遺照，恐怕是我買過最貴的蔬食食材，調理前必須給予尊榮待遇。

烹調菌菇，基本上建議不要清洗，免得風味盡失。然而牛肝菌多爲野生採摘，所以汙漬碎土特別難清理，更讓人些微崩潰的是，因爲野生沒農藥，居然有小小的白蟲在菇肉間蠕動，當下想：天哪，這是義大利來的菜蟲嗎？我該感到榮幸嗎？

我盡可能地刷去土屑、揪出菜蟲，但不可能十全十美，安慰自己吃點土不礙事，小蟲可增加蛋白質。

隨意把一大朵菌切厚片，想想乾煎還是品嚐它的最佳方式。鐵鍋燒得熱烘烘，下油，熱油熱力鎖住味道。牛肝菌不愧是菌王，燒半天也不怎麼縮水，仍然肉感十足。

同只鍋子另外煎幾隻廣島牡蠣，湊一小盤海陸餐。牡蠣搭配紫蘇吃，牛肝菌則學 Neighborhood 撒點七味粉。

這盤菇菌，好吃是好吃，但終究不像在 Neighborhood 吃到的美味，大概是烹煮技巧不如專業廚師，又沒有人家挑食材的眼光。

因此深刻地感受到，爲什麼有些菜還是要上餐廳吃，而且要上厲害的餐廳吃。有時候外出吃飯，不只是貪圖有人幫你料理並善後，而是期望體驗自己一輩子也練不會的專業手藝。

火

喫茶店風早餐

有時候會有這種莫名其妙冒出來的、對特定食物的渴望，我沒有懷孕過，但這樣孕婦般的食欲湧現，倒是常常發生。

某陣子的古怪欲望是，好想吃老派喫茶店的早餐，要有卵白分明的太陽蛋，添加物稍多的火腿片，烤得酥脆的吐司，而且咖啡一定要好喝，酸苦適切的中深焙爲佳。

想了想，香港似乎沒有在賣這種早餐，吐司與煎蛋、火腿的組合或許能在茶餐廳覓得，但咖啡多半悲劇。

自行出手吧，一點也不困難。

事先沖好咖啡，裝在保溫壺裡，開動時倒出來，依然熱燙。平底鍋依序煎火腿和荷包蛋，最後放一片全麥吐司進去把鍋內的餘油都抹盡，這種烤吐司的動作，廣東話講「烘底」，十分傳神。整盤食物除了雞蛋，大多屬於垃圾食物的領域，於是再洗一小缽莓果，補充營養。

我通常不吃早餐，所以這份其實是午餐。但喫茶店的心情，隨時能開張。

火

日式涼拌豆腐

雨停之後的天氣，白日微微地燥，傍晚涼涼的，吃一塊冷豆腐正好。

壓放重物在木棉豆腐上，靜置出水。同時取一支京都九条蔥，切成細細的蔥花，給豆腐添綠意，再落一層山椒小魚，最後淋品質好的淡醬油。

吃完心滿意足，是初夏的味道。

火

吃布拉塔的方式

吃布拉塔的方式之一

我一直在收集各種吃布拉塔的方法，以前試過草莓、芒果、無花果與生火腿，後來從料理家比才那兒學到搭配大黃瓜沙拉也很清爽。

亦曾看「私處 my place」家吃布拉塔，加入蔥蒜炒魩仔魚和鳳梨，實在一絕。吃布拉塔，不外乎是某種甜味與鹹鮮味的組合，那魚仔的確是某種鹹鮮來源嘛。

冰箱裡剛好有一罐山椒小魚，撒一搓上去，另外疊一落以檸檬汁、橄欖油和鹽淺漬的黃瓜，最後淋青草香氣濃郁的橄欖油。

眞是太美妙了，絕對是值得收入口袋的吃法喔。

吃布拉塔的方式之二

接連吃布拉塔，當然是因爲快要過期了，放老的布拉塔，內部水分變少，吃起來像扎實的豆腐。

連續吃，那就要換個口味。

前面提到，吃布拉塔的風味平衡公式：甜味加上鹹鮮味。所以我切一顆皮皺多汁的日本柚子，再疊幾片帕瑪火腿。又想到冰箱裡有初夏的綠竹筍，這時候筍的味道還不理想，便稍微扔上金網烤一會兒，讓滋味濃縮。

切片的部位是筍尖，帶點苦韻，平常吃到苦筍會想皺眉，但是放在這盤裡竟然挺好，又拉出一個風味的向度。

布拉塔就是這麼寬容的小可愛。

火

日式馬鈴薯燉肉

我和先生遇上大疫病毒，在家閉關兩週。

頭幾天發燒，無力下廚，外賣食物很難達到營養均衡，口味又重鹹，一心只想吃清淡的家常菜。待精神恢復，立刻開始天天煮飯，大多是清淡但材料豐富的蔬菜湯加點肉塊，還網購一隻全雞來煮雞湯，都不是太複雜的一鍋煮，配些米飯，重點在於照料還沒康復的先生，也療癒自己。沒想到這樣吃一個多禮拜下來，瘦了。虧我以往總是斤斤計較吃下肚的東西，果然瘦身的祕訣就是清心寡欲、勤勞做飯。

每天到一個時間便開始洗切烹煮，成了習慣，即使後來恢復自由能外出，仍只想吃簡單的飯菜。終於能出門時，立即跑去逛家附近新開的日本超市，生鮮食材的區域都會立些食譜看板，提供顧客煮食靈感，在冷藏肉區看到「馬鈴薯燉肉」的食譜，心想：何不呢？洋蔥、馬鈴薯和胡蘿蔔家裡都有，再抓一盤豬梅花、一包蒟蒻便行。

細細炒香所有根莖蔬菜和肉片，注入湯水和醬汁，小火煨二十分鐘，熄火讓它靜置入味。待米飯煮好，配一把燙青菜，舀兩大杓燉肉與肉汁，湊合成一份輕食。

那幾天總是這樣盛一盤給先生，再裝一碗給自己，我坐在餐桌上，他坐在沙發前，各據一角安靜地看電視吃飯。

都是些非常簡樸的食物，相比過往的計較與講究，是真正的粗茶淡飯，然而先生卻誠心地說：「很療癒嘛，就算不是生病的時候，我也不介意每天吃這些喔。」

我相信他確實不介意，如此吃了一個禮拜的我，也感覺不介意。

火

客家鹹豬肉高麗菜義大利麵

從冷凍庫挖出一條客家鹹豬肉，是向香港知名的台灣餐廳程班長訂的，他們的餐點是我在香港吃過最道地的台灣小吃料理，可惜後來結束營業，幸好還有冷凍食品供鄉親訂購。

當初買這條鹹豬肉，是想某天炒了做下酒菜，然而兩人剛從一場重病恢復，沒什麼興致飲酒，吃飯也傾向精簡，懶懶的腦袋靈機一動，想到懶懶的作法就是炒義大利麵。

豬肉解凍稍微沖去表層的醃料並切成條狀，下鍋翻炒將油脂逼出，撒一手蒜末增香，豬肉上色後，落一把舞菇、高麗菜均衡營養，最後加入還偏硬的細扁麵和煮麵水，與食材混勻，麵條吸收油水。

整鍋端上桌再分盤，顏色黯淡卻香極了。

先生嚐一口，表情奇異，問說這是什麼肉？

我答：「客家人的培根。」

席

陸羽茶室

在香港幾年，行經陸羽茶室無數次卻從未涉足，感覺可惜，後來問一個在香港生長三十餘年的朋友，她說自己長這麼大還沒去過呢，又想或許我來得也不是太晚。

有些燥熱的日子裡，終於邀約另一友作伴造訪，外頭是走兩步便要滴汗的悶溼中環街頭，入內則是涼爽穩靜的百年時光，有大桌團客分食滿席佳餚的快樂，也有一人用膳獨享一、兩碟菜色的滿足，老老的茶室總有各式各樣的寬容。

來陸羽，是想吃美食家朋友推薦的鴻圖灌湯餃，可是望遍復古美麗的點心紙，就是不見品項蹤影，隨手招來一位大叔侍應詢問，他客氣答道：「今天沒有啊，我們的點心餐牌是兩週更換一次的。」這才發現紙上寫著日期。

沒了湯餃，頓時迷惘，整張紙都列著漢字，好些組合讀來卻不明白究竟何物，是要拿手機Google點菜的，這是我在一個同文同種的城市裡居住多時仍感異國的地方。和朋友研究一陣，猜謎似地送出點單，有些菜上網查也沒答案。

整體來說並不驚喜，城裡比這兒好吃的點心所在多有；印象較深刻的是釀豬膶燒賣，賣相可樸實了，兩大塊豬肝切開，很隨意地披在肉餡上，通常我對豬肝沒什麼熱情，但心想老店料理內臟的技藝應值得信賴，果然那塊肝嚐來柔嫩無筋，亦不聞腥臊，著實一塊好肝。另外也喜歡小巧可愛的蛋撻，兩口完食一粒是理想的份量，後來加一盅上湯蝦雲吞，滋味豐滿卻口感純淨。

儘管不是一桌令人想鼓掌讚好的茶點，可能因爲我倆讀不懂菜單而胡亂點到不合意的食物，希望以後有機會來嚐嚐其他知名大菜。但終究是個愜意的下午，滿室的舊日情懷畢竟無可取代，還有意外的人情味。

本來我想，先前的大叔講話口氣格外溫柔，普通話也說得極好，絲毫不見老店的急躁和直率，我和友從近乎滿座的用餐時間坐到人潮漸散的午後，期間大叔時時添茶水，動作都算輕巧。

或許聽到不少我們的談話，大叔終於開口問：「你們是哪裡人呀？來香港玩嗎？」

表明我們是住在香港的台灣人，大叔立刻以閩南語回道：「我也是台灣人耶，我是高雄來的！」出乎意料的轉折。

五十年前，大叔隻身來香港讀中學，就此留下來，問他爲何這麼小便獨自移居？「我不想做兵，那時候要做三年兵！就想辦法來這裡讀書。」講沒幾句，大叔又去忙了，只記得他說以前老家在壽山附近。

在香港吃飯，有時候會遇到這種久居此地的台灣人，他們已經實實在在融合成這裡的一分子，說起普通話是混雜兩地的獨特口音，若沒有特別探究，像我們這種道行太淺的，往往無法辨認。土瓜灣知名的John Choy Cafe，在彷佛茶餐廳的環境氣氛裡，售賣很好的單品咖啡，老闆 John Choy 也是台灣人，每次和先生去，他都操著滄桑的粵台菸嗓——「老鄉！你來啦！」這樣跟我打招呼。

我和朋友在陸羽喝下不知幾壺茶，準備買單，問大叔怎麼稱呼，以後還要來找他喝茶吃點心，他答：「我是ㄒㄧㄤˇㄌㄧˇ！就是台灣的那個ㄒㄧㄤˇㄌㄧˇ！你們來，說找那個台灣的ㄒㄧㄤˇㄌㄧˇ就行了。」

也不知道他說的是「襄理」，還是「鄉里」？

結完帳，想與ㄒㄧㄤˇㄌㄧˇ道別，沒見著他身影，立即問其他侍應：「那個台灣的ㄒㄧㄤˇㄌㄧˇ呢？」沒人聽懂我們在說什麼，倒識得關鍵字「台灣」，便幫忙把ㄒㄧㄤˇㄌㄧˇ從廚房裡叫出來。

再十年要滿百的陸羽茶室，此前九十年的歷史與我們無關，如今遇見台灣的「襄理」或「鄉里」，給人送來溫暖的點心和熱茶，從此便有了還要再訪的理由。

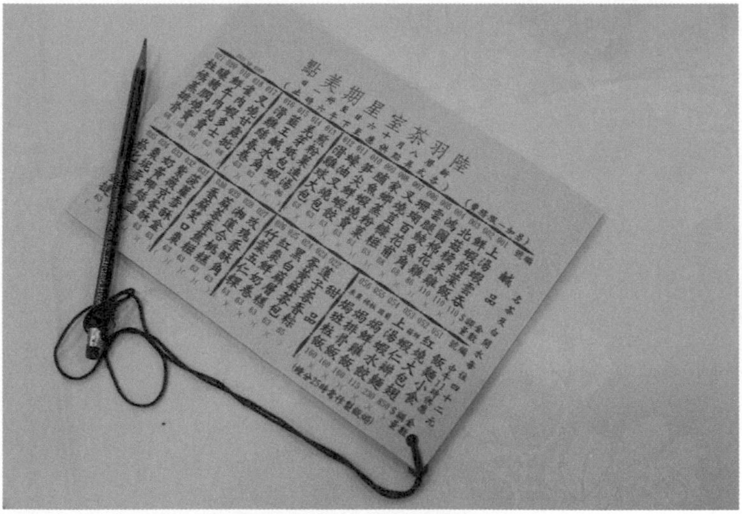

我 來去大澳住兩晚

結婚紀念日，和先生來大澳待上兩晚，這座位在大嶼山西邊的小漁村不容易抵達，但通常週末仍會被滿滿的遊客淹沒。

或許說來幸運，我們恰好在長長的雨季於此逗留，晴雨不定的天氣阻卻遊客們跋山涉水而來，讓這趟假期十分舒爽，在許多店家用餐喝飲料都是包場。

但落雨的情況不如預期多，通常一大片烏雲挾著厚重的水氣逼近，狂暴一陣很快便歇息。

我們躲在咖啡館的屋簷下看著山頭的雨水，讚嘆咱倆的旅行運真是不錯，有晴有雨的漁村都見識過了，各有各的風情。

生活，婚姻，也是這樣吧。

益昌

AXA
UBS

稍候片刻
PLEASE WAIT
PUSH
Sprite
推
UnionPay
银联
VISA

後記

深秋一盤甜蜜的肉

一下車，溼冷的海風撲面，我頓時懷疑自己可能有毛病，爲何選擇來到一座不怎麼舒爽的城鎭度假。那年秋天正處於難以平復的低潮，北上闖入基隆的寒風冷雨，簡直活成一個苦情角色。

等待Y的接送時，倒是漸漸習慣港都的溼度與溫度，這樣的氣候，讓人有充分的理由躲在山上的屋子裡，喝著熱茶，消磨一整天亦不覺罪惡。Y的公寓位在半山腰，獨享一間有陽台、有廚房的樓中樓小屋，儘管入秋後就開始陰冷潮溼，卻是非常適合遁逃或靜心生活的地方。

我帶了某種樹的樹蜜作爲禮物。Y是一位麵包師，在搬去基隆前，我向她買了半年的手作麵包，從單純的顧客買到成爲互信的朋友。每次從她手中接過沉甸甸的麵包，都感覺自己買的不只是食物，也是眞摯美好的心意。所以拜訪她之前，我想著，一個有愛的麵包師傅理應擁有一罐很好的蜜。

Y是第一個讓我理解如何用食物療癒他人的食物工作者。或許很多從事餐飲業的人都以此爲己任，那卻不是容易辦到的事。吉本芭娜娜也跟朋友買麵包，並想像對方「在她家廚房揮汗揉麵、細密循著順序做麵包的樣子，感覺很美而性感」。Y除了做麵包，也是靈氣治療師，偶爾代課瑜伽教學，後來還成爲潛水教練，精實的身材，有神的勞動，覺知的過活，我總想她做麵包的畫面一如吉本寫的那般。

當天晚上，我在這間寧靜的屋子裡留宿。

抵達公寓後，Y著手洗切備料，做簡單的晚餐，隨卽再度出門去接她的伴，臨走前說，爐子上的南瓜燉雞就拜託你照顧了。

我說好。自行播放音樂，從書架上找到那本一直想讀的《生命饗宴》，坐在廚房外的木地板上，邊聽著燉肉的蒸汽推著鍋蓋，邊讀著短短的、隨時可以中斷的文字，有時肉燉得激動了，便起身掀蓋翻攪一會兒；烤箱裡，牛肉片與些許根莖蔬菜緩緩熟透，肉片曾以我帶來的樹蜜調味，油脂與蜜糖逐漸在高溫中發揮美妙的作用。

雨在窗外浸溼整座城市，廚房裡各種被烹調的食物阻絕了秋天的寒意，書中的短文以一種巷口乾麵式的日常口吻說著一些與煮食有關的事。

那一刻，我突然意識到，只要給我一間廚房，還有可以席地而坐的木地板，讓我能在食物烹煮現場很近的地方，安靜做著想做或該做的事，懷抱這樣自得其樂的能力，安穩放置自己的心情，似乎便稱得上是一種理想的生活。

事隔多年，那頓晚餐的細節仍鮮明。三人在昏黃的燈光下聊天吃飯，這不是米其林星廚的高級料理，但Y對食材的理解，對進食的講究，讓每一口菜餚都有滋有味，像她的生活。新鮮的南瓜化開成綿密的醬汁，額外加了牛奶卻不過分黏膩，處理得相當清爽。那盤肉片烤得焦焦脆脆，蜜汁結在邊上，說不定都有些過熟了，但我們二人還是吃得樂呵呵，一直說怎麼那麼好吃呀。

吉本如此描述過一家餐廳，「人不會只因味道、價格、場地豪華而心動，而是因爲別人灌注其中的愛而心動。」Y做的菜不在餐廳裡賣，充滿關愛的友情食堂，只在家限定開張。

那天晚上，內心空洞的我，被Y的一頓家常便飯填滿。

幾年後，世界遭逢大疫，疫情剛凶猛起來，另一半便面臨喪親卻無法歸鄉的煎熬，我唯一能做的，是盡量照常做飯給他吃。但他都沒什麼胃口。某晚，我從冰箱拿出豬五花肉片，原本盤算做一鍋肉豆腐，再炒點青菜。突然想起數年前的夜晚，那盤加了蜜的烤肉，沒有光鮮亮麗的賣相，卻深深撫平人心。

於是我改取幾顆帶皮小洋芋切半，調味後鋪在烤盤底層，先送進烤箱以較低的溫度烤十五分鐘。同時削去花椰菜的硬皮，蘆筍、玉米筍切段，十五分鐘過去，把這些蔬菜錯落散置在洋芋之間，再將事先以龍眼蜜、醬油、味醂和料理酒醃製的五花肉片鋪在最上層，整盤送回烤箱加烤二十分鐘。甜滋滋的香氣在屋裡蔓延開來。

《食記百味》裡，吉本寫一位因腸病而無法吃固體食物的友人，中年獨居東京，日子鬱鬱寡歡，少數的放縱，是年節時分央求吉本的姊姊爲他做「撒上炒黃豆粉的餅」。

「每個人的生命中，難過、悲傷和無奈總是重疊而來，別人也幫不上忙，頂多只能為他做黃豆粉餅罷了。不過，像黃豆粉餅這種東西，總是有勝於無，也未必不是照亮生命的小小光芒。」

食物於我而言，確實是深冬的燭火，暗夜的街燈，是有形的五感到無形的撫慰，暫存時間，收納記憶。苦痛的時候，一碗熱湯，一碟熱菜，味道吃入心裡，嚐來更深刻。我設想一盤甜蜜的肉，也能是照進內心黑洞的微弱光束，即使黑洞不反光，我仍想像它去到了那裡。

兩人安靜地看著電視，慢慢吃完整盤烤蔬菜與肉，他沒有說好吃或不好吃，我知道他沒有心情品味，只說了這樣份量剛好。

雖然是有些一廂情願地以我的個人經驗來嘗試修補對方，成效如何我無從得知，但他說了「這樣剛好」。

這種時刻裡，「剛好」比「很好」還要好。

文章發表處

◎《BIOS monthly》——（單元：放鬆入門課）〈來點沒什麼難度的海鮮，讓自己好過一點〉（改題）
（專欄：紅磡廚事）〈源興香料公司〉、〈新祥益餅店〉、〈張榮記粉麵廠〉
〈錦祥號臘腸〉、〈萬記砧板〉、〈粵東磁廠〉（改題）

◎《500輯》——〈餐桌器物收藏史〉（改題）

◎《The Affairs 編集者》——〈作自己的多汁祕方〉（改題）

◎《幼獅文藝》——〈深秋一盤甜蜜的肉〉

〔harvest〕003

紅磡記：美好的暫時

a little touch of_

作者 周項萱 Hsiang
攝影 周項萱 Hsiang

副總編輯 洪源鴻
企劃編輯 董秉哲
封面設計 傅文豪
書名標準字設計 GY Chen
版面構成 adj. 形容詞
文字校對 賴凱俐
行銷企劃 二十張出版

出版 二十張出版——遠足文化事業股份有限公司
發行 遠足文化事業股份有限公司（讀書共和國出版集團）
地址 新北市新店區民權路108之3號3樓
電話 02・2218・1417
傳真 02・2218・0727
客服專線 0800・221・029
信箱 akker2022@gmail.com
Facebook facebook.com/akker.fans
法律顧問 華洋法律事務所——蘇文生律師

製版 中原造像股份有限公司
印刷 中原造像股份有限公司
裝訂 中原造像股份有限公司

出版 二〇二四年三月——初版一刷
定價 五三〇元

ISBN —— 978・626・98218・08（平裝）、978・626・98218・15 (ePub)、978・626・98019・92 (PDF)

國家圖書館出版品預行編目（CIP）資料：紅磡記 ： 美好的暫時 周項萱 著
── 初版 ── 新北市：二十張出版 ── 遠足文化事業股份有限公司發行 2024.3 280 面 16 × 22 公分
ISBN：978・626・98218・08（平裝） 1. CST：飲食 2. CST：文集 427.07 112022123

AKKER
二十張出版